轻松看懂

电气控制线路及实物接线图

杜萌　刘振全　王汉芝◎编著

化学工业出版社

·北京·

内容简介

本书采用完全图解的方式对常见电气控制线路实物接线及原理进行了详细的说明，内容包括电机点动控制、连续点动混合控制、顺序启停控制、两地控制、正反转控制、降压启动控制等，同时给出了相应的PLC实物接线、程序及说明。本书为读者提供了一套快速掌握电气控制线路及PLC实物接线技巧的有效方法，为初学者提供了大量的实践经验。

本书可作为广大电气工程技术人员的参考书，也可作为高等院校、职业院校电气技术类、自动化类、机电一体化、电子信息类等相关专业的电气控制技术实训用书。

图书在版编目（CIP）数据

轻松看懂电气控制线路及实物接线图 / 杜萌，刘振全，王汉芝编著 . —北京：化学工业出版社，2022.5（2024.8重印）
ISBN 978-7-122-41512-7

Ⅰ .①轻⋯ Ⅱ .①杜⋯ ②刘⋯ ③王⋯ Ⅲ .①电气控制−控制电路−图解 Ⅳ .①TM571.2-64

中国版本图书馆CIP数据核字（2022）第092067号

责任编辑：宋 辉　　　　　文字编辑：毛亚囡
责任校对：王 静　　　　　装帧设计：王晓宇

出版发行：化学工业出版社
　　　　　（北京市东城区青年湖南街13号 邮政编码100011）
印　　装：河北京平诚乾印刷有限公司
880mm×1230mm 1/16 印张12¹/₂ 字数292千字
2024年8月北京第1版第5次印刷

购书咨询：010-64518888　　　售后服务：010-64518899
网　　址：http://www.cip.com.cn
凡购买本书，如有缺损质量问题，本社销售中心负责调换。

定　　价：78.00元　　　　　　　版权所有　违者必究

在配电柜和各种自动化电气控制柜的接线、装配、调试过程中，最为重要的就是看懂原理、理解原理图上的数字标号以及实现实物的接线。电机的电气控制线路图纸大都是由电机的开关控制、点动控制、连续控制、点动连续混合控制、正反转控制、顺序控制、行程开关控制、降压启动控制等典型控制线路组合而成的，理解并掌握大部分典型控制的原理与实物接线需要一个量变到质变的过程。常用的电气控制线路虽然原理简单，但是从原理图到实物接线往往是大家初学电气控制时的难点。

本书采用完全图解的方式对常见的电气控制线路原理及实物接线进行了详细的说明，以电气控制线路原理与实物接线为主，结合西门子 S7-200 SMART PLC 的实物接线及 PLC 编程，使读者既可以掌握电气控制线路的原理和实物接线，又可以实现 PLC 的初步入门。

本书主要内容包括：

第 1 章介绍电气控制线路元器件，包括熔断器、热继电器、接触器、空气开关、按钮、行程开关等常用元器件，直击维修要点。

第 2 章介绍接近开关接线与 PLC 输入输出接线，包括两线接近开关接线、PNP 三线接近开关接线、NPN 三线接近开关接线、四线接近开关接线、200 SMART PLC ST20 和 SR40 的输入输出端接线等内容。

第 3 章介绍电气控制线路实物接线与 PLC 实物接线及分析，包括：电机各种典型控制电路的原理、实物接线以及相应 PLC 控制的实物接线、PLC 程序及说明等，通过实例给出用万用表检查主电路和控制电路的一般方法，引导读者举一反三，提升分析解决工程实践问题的能力。

本书具有以下特色：

1. 易入门、易上手

从电机的点动控制出发，以"原理分析—接触器按钮实物接线实现—板前明线实训模式布线实现—通电前检查电路—PLC 控制具体接线—PLC 程序及说明"为思路，帮助初学者从零开始，循序渐进地掌握和理解电气控制技术。

2. 全彩图解实物接线

实物接线能清晰地看到具体接线端子，不同颜色的线条使读者看清接线关系，结合具体的接线说明，使读者看得懂、学得会。

3. 侧重工程应用

在掌握理解电机电气控制线路的基础上，给出了相应的 PLC 控制电机的实物接线以及 PLC 程序和说明，并结合热继电器过载复位可能引起的电机自启动等问题深入剖析，引导读者举一反三，提升解决工程问题的能力。

本书可作为电气技术零基础读者以及电工、维修电工、PLC 编程人员学习电气控制与 PLC 技术的参考用书，也可作为高等院校、职业院校电气技术类、自动化类、机电一体化、电子信息类等相关专业的电气控制技术实训、维修电工实训的参考用书。

本书由杜萌、刘振全、王汉芝编著，白瑞祥教授审阅了全部书稿，并提出了宝贵建议，在此表示衷心的感谢。

由于编者水平有限，书中难免有不足之处，敬请广大专家和读者批评指正。

编著者

第 3 章 电气控制线路实物接线与 PLC 实物接线及分析　　045

第 1 章
电气控制线路元器件基础

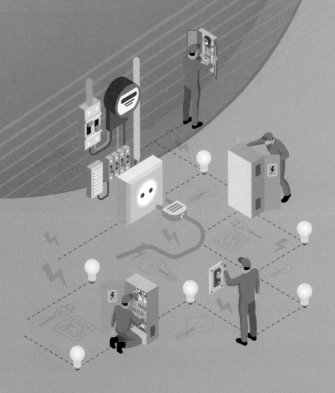

1.1 熔断器

（1）熔断器概述

通过的电流超过规定值一段时间后，器件会自身产生热量使熔体熔化，从而使电路断开，运用这种原理制成的电流保护器就是熔断器。熔断器广泛应用于高低压配电系统和控制系统以及用电设备中，作为短路和过电流的保护器，是应用较普遍的保护器件之一。

图 1-1 为多种多样的熔断器实物。

图1-1　熔断器实物

（2）熔断器的图形及文字符号

如图 1-2 所示。

图1-2　熔断器的图形及文字符号

（3）熔断器的常见类型

① 插入式熔断器：常用于 380V 及以下电压等级的线路末端，作为配电支线或电气设备的短路保护用。

② 螺旋式熔断器：熔体的上端盖有一熔断指示器，一旦熔体熔断，指示器马上弹出，可透过瓷帽上的玻璃孔观察到。螺旋式熔断器因其分断电流较大，可用于电压等级 500V 及其以下、电流等级 200A 以下的电路中，作短路保护。

③ 封闭式熔断器：封闭式熔断器分为有填料熔断器和无填料熔断器两种。有填料封闭式熔断器一般使用方形瓷管，内装石英砂及熔体，分断能力强，用于电压等级 500V 以下、电流等级 1kA 以下的电路中。无填料密闭式熔断器将熔体装入密闭式圆筒中，分断能力稍小，用于 500V 以下、600A 以下电力网或配电设备中。

④ 快速熔断器：快速熔断器主要用于半导体整流元件或整流装置的短路保护。半导体元件的过载能力很低，只能在极短时间内承受较大的过载电流，因此要求短路保护具有快速熔断的能力。快速熔断器的结构和有填料封闭式熔断器基本相同，但熔体材料

和形状不同，它是以银片冲制的有 V 形深槽的变截面熔体。

⑤ 自恢复熔断器：采用金属钠作熔体，在常温下具有高电导率。当电路发生短路故障时，短路电流产生高温使钠迅速汽化，汽态钠呈现高阻态，从而限制了短路电流。当短路电流消失后，温度下降，金属钠恢复原来的良好导电性能。自恢复熔断器只能限制短路电流，不能真正分断电路。其优点是不必更换熔体，能重复使用。

（4）熔断器的选择

主要依据负载的保护特性和短路电流的大小选择熔断器的类型。

对于容量小的电动机和照明支线，常采用熔断器作为过载及短路保护，因而希望熔体的熔化系数适当小些。通常选用铅锡合金熔体的 RQA 系列熔断器。

对于较大容量的电动机和照明干线，则应着重考虑短路保护和分断能力。通常选用具有较高分断能力的 RM10 和 RL1 系列的熔断器；当短路电流很大时，宜采用具有限流作用的 RT0 和 RTl2 系列的熔断器。

熔体的额定电流可按以下方法选择：

① 保护无启动过程的平稳负载如照明线路、电阻、电炉等时，熔体额定电流略大于或等于负荷电路中的额定电流。

② 保护单台长期工作的电动机熔体电流可按最大启动电流选取，也可按下式选取：

$$I_{RN} \geq （1.5\sim2.5）I_N$$

式中，I_{RN} 为熔体额定电流；I_N 为电动机额定电流。如果电动机频繁启动，式中系数可适当加大至 3 ~ 3.5，具体应根据实际情况而定。

③ 保护多台长期工作的电动机（供电干线）：

$$I_{RN} \geq （1.5\sim2.5）I_{Nmax}+\Sigma I_N$$

式中，I_{Nmax} 为容量最大单台电动机的额定电流，ΣI_N 为其余电动机额定电流之和。

（5）熔断器的级间配合

为防止发生越级熔断、扩大事故范围，上、下级（即供电干、支线）线路的熔断器间应有良好配合。选用时，应使上级（供电干线）熔断器的熔体额定电流比下级（供电支线）的大 1 ~ 2 个级差。

（6）熔断器的使用注意事项

① 熔断器的保护特性应与被保护对象的过载特性相适应，考虑到可能出现的短路电流，选用相应分断能力的熔断器。

② 熔断器的额定电压要适应线路电压等级，熔断器的额定电流要大于或等于熔体额定电流。

③ 线路中各级熔断器熔体额定电流要相应配合，保持前一级熔体额定电流必须大于下一级熔体额定电流。

④ 熔断器的熔体要按要求使用相配合的熔体，不允许随意加大熔体或用其他导体代替熔体。

(7)熔断器的维护维修

① 熔体熔断可能的原因有：

a. 短路故障或过载运行而正常熔断；

b. 熔体使用时间过久，熔体因受氧化或运行中温度高，使熔体特性变化而误断；

c. 熔体安装时有机械损伤，使其截面积变小而在运行中引起误断。

② 拆换熔体时，要求做到：

a. 安装新熔体前，要找出熔体熔断的原因，未确定熔断原因，不要拆换熔体试送电；

b. 更换新熔体时，要检查熔体的额定值是否与被保护设备相匹配；

c. 更换新熔体时，要检查熔管内部烧伤情况，如有严重烧伤，应同时更换熔管。瓷熔管损坏时，不允许用其他材质管代替。有填料熔断器更换熔体时，要注意填充填料。

1.2　热继电器

（1）热继电器概述

热继电器的工作原理是流入热元件的电流产生热量，使具有不同膨胀系数的双金属片发生形变，当形变达到一定距离时，就推动连杆动作，使控制电路断开，从而使接触器失电，主电路断开，实现电动机的过载保护。

热继电器作为电动机的过载保护元件，以其体积小、结构简单、成本低等优点在生产中得到了广泛应用。

图1-3为热继电器实物。

图1-3　热继电器实物

（2）热继电器的图形及文字符号

如图1-4所示。

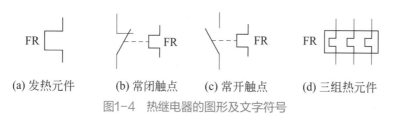

(a) 发热元件　　(b) 常闭触点　　(c) 常开触点　　(d) 三组热元件

图1-4　热继电器的图形及文字符号

（3）热继电器的外观及主要功能

如图 1-5 所示。

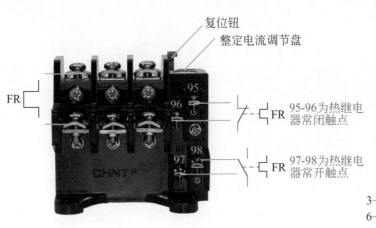

复位钮
整定电流调节盘

FR

95-96为热继电
器常闭触点

97-98为热继电
器常开触点

1—三相主线接入；2—整定电流调节按钮；
3—测试按钮；4—常开触点；5—三相主线接出；
6—产品型号；7—手动/自动复位选择开关按钮；
8—停止按钮；9—常闭触点

图1-5　热继电器的外观及主要功能

（4）热继电器与接触器的连接安装

如图 1-6 所示。

第一步：拧开接触器接线螺钉

第二步：按压卡扣触点垂直安装

图1-6　热继电器的外观及其与接触器的连接安装

（5）热继电器的选择

热继电器主要用于电动机的过载保护、断相保护及三相电源不平衡的保护，对电动机有着很重要的保护作用。因此选用时必须了解电动机的工作情况，如工作环境、启动电流、负载性质、工作制、允许过载能力等。

① 原则上应使热继电器的安 - 秒特性尽可能接近甚至重合电动机的过载特性，或者在电动机的过载特性之下，同时在电动机短时过载和启动的瞬间，热继电器应不受影响（不动作）。

② 当热继电器用于保护长期工作制或间断长期工作制的电动机时，一般按电动机的额定电流来选用。例如，热继电器的整定值可等于 0.95 ~ 1.05 倍的电动机的额定电流，或者取热继电器整定电流的中值等于电动机的额定电流，然后进行调整。

③ 当热继电器用于保护反复短时工作制的电动机时，热继电器仅有一定范围的适

应性。如果短时间内操作次数很多，就要选用带速饱和电流互感器的热继电器。

④ 对于正反转和通断频繁的特殊工作制电动机，不宜采用热继电器作为过载保护装置，而应使用埋入电动机绕组的温度继电器或热敏电阻来保护。

（6）热继电器的技术数据

热继电器的主要技术数据是整定电流。整定电流是指长期通过发热元件而不致使热继电器动作的最大电流。当发热元件中通过的电流超过整定电流值的 20% 时，热继电器应在 20min 内动作。热继电器的整定电流大小可通过整定电流旋钮来改变。选用和整定热继电器时一定要使整定电流值与电动机的额定电流一致。

热继电器是受热而动作的，热惯性较大，因而即使通过发热元件的电流短时间内超过整定电流的几倍，热继电器也不会立即动作。只有这样，在电动机启动时热继电器才不会因启动电流大而动作，否则电动机将无法启动。反之，即使电流超过整定电流不多，但时间一长也会动作。由此可见，热继电器与熔断器的作用是不同的，热继电器只能作过载保护而不能作短路保护，而熔断器则只能作短路保护而不能作过载保护。在一个较完善的控制电路中，特别是容量较大的电动机中，这两种保护都应具备。

（7）热继电器的日常维护

① 热继电器动作后复位要一定的时间，自动复位时间应在 5min 内完成，手动复位要在 2min 后才能按下复位按钮。

② 当发生短路故障后，要检查热元件和双金属片是否变形，如有不正常情况，应及时调整，但不能将元件拆下。

③ 使用中的热继电器每周应检查一次，具体内容是：热继电器有无过热、异味及放电现象，各部件螺钉有无松动、脱落及接触不良，表面有无破损及清洁与否。

④ 使用中的热继电器每年应检修一次，具体内容是：清扫，查修零部件，测试绝缘电阻应大于 $1M\Omega$，通电校验。经校验过的热继电器，除了接线螺钉之外，其他螺钉不要随便改动。

⑤ 更换热继电器时，新安装的热继电器必须符合原来的规格与要求。

⑥ 定期检查各接线有无松动，在检修过程中绝不能折弯双金属片。

1.3 接触器

（1）接触器概述

接触器是一种可快速切断交流与直流主回路且可频繁地接通与关断大电流控制（达 800A）电路的装置，分为交流接触器（电压 AC）和直流接触器（电压 DC），适用于电力、配电与用电场合。经常用于电动机，也可用来控制工厂设备、电热器、工作母机和各样电力机组等电力负载。接触器不仅能接通和切断电路，而且还具有低电压释放保护作用。接触器控制容量大，易于频繁操作和远距离控制，是自动控制系统中的重要元件之一。

接触器的工作原理是：当接触器线圈通电后，线圈电流会产生磁场，产生的磁场使静铁芯产生电磁吸力吸引动铁芯，并带动交流接触器触点动作，常闭触点断开，常开触点闭合，两者是联动的。当线圈断电时，电磁吸力消失，衔铁在释放弹簧的作用下释放，使触点复原，常开触点断开，常闭触点闭合。

图 1-7 为部分接触器实物。

图1-7　接触器实物

（2）接触器的图形及文字符号

如图 1-8 所示。

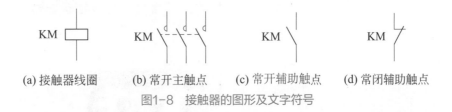

(a) 接触器线圈　　(b) 常开主触点　　(c) 常开辅助触点　　(d) 常闭辅助触点

图1-8　接触器的图形及文字符号

（3）接触器的外观

如图 1-9、图 1-10 所示。

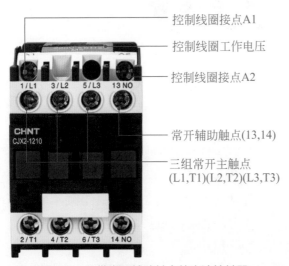

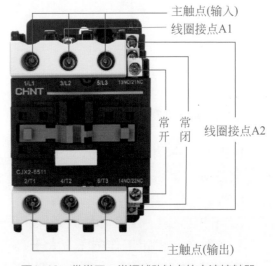

图1-9　只带常开辅助触点的交流接触器　　　　图1-10　带常开、常闭辅助触点的交流接触器

（4）接触器常用接线示意图

如图 1-11、图 1-12 所示。

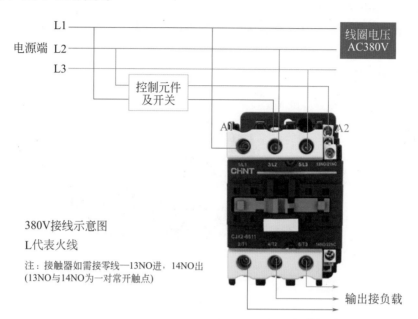

380V接线示意图

L代表火线

注：接触器如需接零线—13NO进，14NO出
（13NO与14NO为一对常开触点）

图1-11　线圈电压380V接触器控制三相负载接线示意图

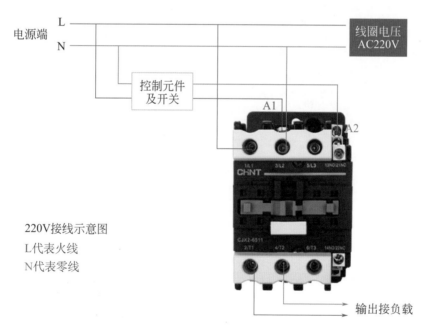

220V接线示意图

L代表火线

N代表零线

图1-12　线圈电压220V接触器控制单相负载接线示意图

（5）接触器的选择

① 控制交流负载应选用交流接触器，直流负载选用直流接触器。

② 主触点的额定工作电流应大于等于负载电路的电流。还要注意的是，接触器主触点的额定工作电流是在规定的条件下（额定工作电压、使用类别、操作频率等）能够正常工作的电流值，当实际使用条件不同时，这个电流值也将随之改变。

③ 主触点的额定工作电压应大于等于负载电路的电压。

④ 线圈的额定电压应与控制回路电压一致。

⑤ 接触器的线圈电压，一般应低一些为好，这样对接触器的绝缘要求可以降低，使用时也比较安全。当控制电路简单，使用电器比较少时，可直接选用 380V 或 220V 的电压。若电路复杂，使用电器的个数超过 5 个时，可选用 36V 或 110V 电压的线圈，以保证安全。但为了方便和减少设备，常按实际电网电压选取。

⑥ 如果电动机的操作频率不高，如压缩机、水泵、风机、空调等，接触器额定电流大于负载额定电流即可。

⑦ 对于重任务型电动机，如机床主电动机、升降设备等，选用时接触器额定电流要大于电动机的额定电流。

⑧ 对于特种用途电动机，经常运行于启动、反转的状态时，接触器大致可按电寿命及启动电流选用。

⑨ 使用接触器对变压器进行控制时，应考虑浪涌电流的大小。例如电焊机，一般可按变压器额定电流的 2 倍选取接触器，如 CJT1、CJ20 等。

⑩ 接触器的额定电流是指接触器在长期工作下的最大允许电流，持续时间 ≤ 8h，且安装于敞开的控制板上。如果冷却条件较差，选用接触器时，接触器的额定电流按负载额定电流的 1.1 ～ 1.2 倍选取。

⑪ 选择接触器的数量和种类。触点的数量和种类应满足控制电路的要求。

（6）接触器的维护维修

交流接触器的铁芯常发生的故障为铁芯产生过大的噪声，其原因如果为线圈电压不足，可调整电源电压；如果为动、静铁芯接触面相互接触不良，则可锉平接触面，使其相互接触良好；如果是短路环断裂，可更换或焊接好短路环。

常发生的故障还有在断电时衔铁不落下，这可能是由于触点间弹簧压力过小，可调整触点压力。如果因为衔铁或机械部分被卡住，可除去卡阻物。E 形铁芯的中间柱应有 0.1 ～ 0.2mm 的间隙，若因两侧铁芯磨损而使间隙消失时，衔铁会发生"粘住"现象，此时可修磨 E 形铁芯的中间柱平面。

当接触器发生线圈过热或烧毁现象时，可检查线圈的额定电压与电源电压是否相符，如不符，则应更换合适的线圈。发生该现象的原因还可能是线圈由于机械损伤或附有导电灰尘而造成部分短路，此时应修复或更换并保持清洁。也可能是接触器操作频率过高，此时应该更换合适的接触器。当接触器运动部分卡住时也会发生这种情况，此时应及时排除卡住现象。

当按下启动按钮后接触器衔铁吸不上，这可能是线圈断线或烧毁造成的，应修理或更换线圈。也可能是由于发生了衔铁或机械可动部分被卡住或机械部分生锈歪斜等情况，此时应去除卡阻物，去锈、上润滑油或调换零件。

接触器的触点会因电流过大、灭弧装置失效、开断电路产生的电弧而造成熔焊。修理时要首先分析产生电弧的原因，予以排除后再对触点进行修理或更换。

有时触点不能闭合，此时可旋出灭弧罩固定螺钉，打开灭弧罩，观察主触点上、下触点有无严重烧损情况。若损伤严重，应取出动触点进行修理。修理办法是用纱布打磨动、静触点，到其表面光滑为止。但当触点烧损至厚度是原来的 1/2 时，应更换触点。如触点无损伤，可查看是否有机械卡住现象，或用万用表测量线圈端电压，看是否电压过低，电磁吸力是否不足。

1.4 塑壳式断路器

（1）塑壳式断路器概述

塑壳式断路器具有过载长延时、短路瞬动的二段保护功能，还可以与漏电器、测量等模块单元配合使用。在低压配电系统中，常用它作终端开关或支路开关，取代了过去常用的熔断器和闸刀开关。

塑壳式断路器能够在电流超过跳脱设定后自动切断电流。塑壳指的是用塑料绝缘体来作为装置的外壳，用来隔离导体之间以及接地金属部分。塑壳式断路器通常含有热磁跳脱单元，而大型号的塑壳式断路器会配备固态跳脱传感器。其脱扣单元分为热磁脱扣与电子脱扣器。常用的额定电流共有以下几种：16A、25A、30A、40A、50A、63A、80A、100A、125A、160A、200A、225A、250A、315A、350A、400A、500A、630A。

塑壳式断路器也被称为装置式断路器，所有的零件都密封于塑料外壳中，辅助触点、欠电压脱扣器以及分励脱扣器等多采用模块化。由于结构非常紧凑，塑壳式断路器基本无法检修。多采用手动操作，大容量可选择电动分合型。由于电子式过电流脱扣器的应用，塑壳式断路器也可分为 A 类和 B 类两种，B 类具有良好的三段保护特性，但由于价格因素，采用热磁式脱扣器的 A 类产品的市场占有率更高。塑壳式断路器是将触点、灭弧室、脱扣器和操作机构等都装在一个塑料外壳内，一般不考虑维修，适用于作支路的保护开关。过电流脱扣器有热磁式和电子式两种，一般热磁式塑壳断路器为非选择性断路器，仅有过载长延时及短路瞬时两种保护方式，电子式塑壳断路器有过载长延时、短路短延时、短路瞬时和接地故障四种保护功能。部分电子式塑壳断路器新推出的产品还带有区域选择性联锁功能。大多数塑壳式断路器为手动操作，也有部分带电动机操作机构。

（2）断路器的图形及文字符号

如图 1-13 所示。

(a) 单极断路器　　(b) 三极断路器

图1-13　断路器的图形及文字符号

（3）塑壳式断路器实物及说明示意图

如图 1-14 所示。

（4）塑壳式断路器实物

如图 1-15 所示。

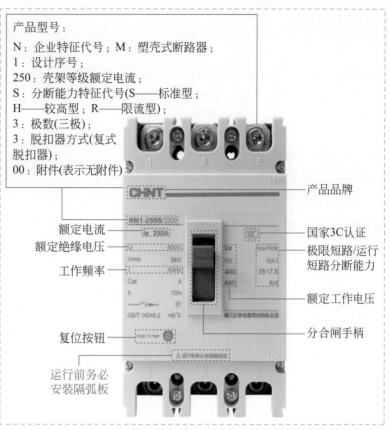

产品型号：
N：企业特征代号；M：塑壳式断路器；
1：设计序号；
250：壳架等级额定电流；
S：分断能力特征代号(S——标准型；
H——较高型；R——限流型)；
3：极数(三极)；
3：脱扣器方式(复式脱扣器)；
00：附件(表示无附件)

产品品牌

额定电流

国家3C认证

额定绝缘电压

极限短路/运行短路分断能力

工作频率

额定工作电压

复位按钮

分合闸手柄

运行前务必安装隔弧板

图1-14 塑壳式断路器实物示意图 [以（NMI-250S/3300）为例]

图1-15 塑壳式断路器实物

隔离开关与断路器之间为什么要装联锁装置？联锁装置有哪些类型？

在隔离开关与断路器之间之所以要装联锁装置，是因为要防止在断路器未切断电源以前就去拉隔离开关。

联锁装置有机械联锁和电气联锁两种类型。工作原理是：

① 机械联锁装置：一般使用钢丝绳或者杠杆机构，以机械位置的变动（也可采用多功能程序锁）来保证在断路器切断电源以前，隔离开关的操作把手不能动作。

② 电气联锁装置：电气联锁一般有两种联锁方式。一种是通过操作机构上的联动辅助接点（常开或常闭）去控制隔离开关的把手。当断路器未断开时，隔离开关操作把手不能动作。另一种电气联锁是利用距离开关操作机构上的联动辅助接点（常开或常闭）去控制断路器。当拉动隔离开关的把手时，联动辅助接点（常开或常闭）使断路器动作以切断电路，从而防止带负荷拉动距离开关的事故。

（5）塑壳式断路器相关问答

Q1：塑壳式断路器的主要作用是什么？

① 正常情况下接通和断开高压电路中的空载及负荷电流；

② 在系统发生故障时能与保护装置和自动装置相配合，迅速切断故障电流，防止事故扩大，从而保证系统安全运行。

Q2：用电设备功率公式与电流估算？

① 公式：

a. 三相用电设备：

$$P=1.732UI\eta\cos\theta$$

其中，功率因数 $\cos\theta$ 取 $0.8 \sim 0.9$；效率 η 取 0.9。

b. 单相用电设备：

$P=UI$ 应用于电阻性或电热性负载。

$P=UI\eta\cos\theta$ 应用于电动机类负载。

其中，功率因数 $\cos\theta$ 取 $0.6 \sim 0.8$；效率 η 取 0.9。

② 快速估算方法：

三相电动机：2A/kW。

三相电热设备：1.5A/kW。

单相电热设备：4.5A/kW。

两根相线 380V：2.5A/kW。

例：计算 4kW 三相交流异步电动机的电流。

公式计算：$P=1.732UI\eta\cos\theta$

$$4000=1.732\times380\times I\times0.85\times0.9$$

$$I=7.94\text{A}$$

经验估算法：根据三相电动机 2A/kW，有

$$I\approx4\text{kW}\times2\text{A/kW}=8\text{A}$$

Q3：应该选择多大的断路器？

$$总功率（W）\div电压（三相电默认380V）=应使用电流（A）$$

电动机建议使用大一电流型号。

Q4：电缆线使用多大平方（横截面积）？

$$断路器电流大小\times0.4=电缆平方数（铜线缆）$$

如果是铝电缆，建议增加一个挡的平方数。

1.5 空气开关

（1）空气开关概述

空气开关又名空气断路器，是断路器的一种，只要电路中电流超过额定电流就会自动断开，空气开关是低压配电网络和电力拖动系统中非常重要的一种电器。它集控制和多种保护功能于一身，除能完成接触和分断电路外，还能对电路或电气设备发生的短路、严重过载及欠电压等进行保护，同时也可以用于不频繁地启动电动机。

空气开关脱扣方式有热动式脱扣、电磁式脱扣和复式脱扣 3 种。

当线路发生一般性过载时，过载电流虽不能使电磁脱扣器动作，但能使热元件产生一定热量，促使双金属片受热向上弯曲，推动杠杆使搭钩与锁扣脱开，将主触点分断，切断电源。当线路发生短路或严重过载电流时，短路电流超过瞬时脱扣整定电流值，电磁脱扣器产生足够大的吸力，将衔铁吸合并撞击杠杆，使搭钩绕转轴座向上转动与锁扣脱开，锁扣在反力弹簧的作用下将三副主触点分断，切断电源。

开关的脱扣机构是一套连杆装置。当主触点通过操作机构闭合后，就被锁钩锁在合闸的位置。如果电路中发生故障，则有关的脱扣器将产生作用，使脱扣机构中的锁钩脱开，于是主触点在释放弹簧的作用下迅速分断。按照保护作用的不同，脱扣器可以分为过电流脱扣器及失压脱扣器等类型。

在正常情况下，过电流脱扣器的衔铁是释放着的，一旦发生严重过载或短路故障，与主电路串联的线圈就将产生较强的电磁吸力，将衔铁往下吸引而顶开锁钩，使主触点断开。欠压脱扣器的工作恰恰相反，在电压正常时，电磁吸力吸住衔铁，主触点才得以闭合。一旦电压严重下降或断电，衔铁就被释放而使主触点断开。当电源电压恢复正常时，必须重新合闸后才能工作，实现了失压保护。

空气开关及漏保（漏保是在空气开关基础上增加了漏电保护功能）接线如图 1-16、图 1-17 所示。

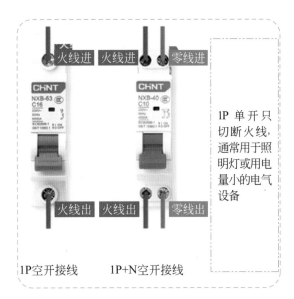

火线进　火线进　零线进

1P 单开只切断火线，通常用于照明灯或用电量小的电气设备

火线出　火线出　零线出

1P空开接线　　1P+N空开接线

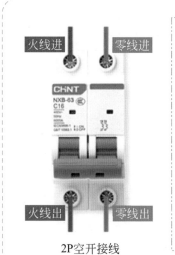

火线进　零线进

2P 是双开，有两个进线端、两个出线端，进火线、零线，这个是比较常用的

火线出　零线出

2P空开接线

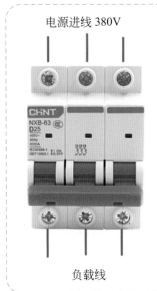

电源进线 380V

3P 是三开，控制三相电，有三个进（出）线端，进三根火线，通常用于三相电总线开关以及用于三相电设备

负载线

电源进线 380V

4P 是在三开基础上加了一个零线端子，用 N 表示，有四个进（出）线端，进三根火线加一根零线

负载线

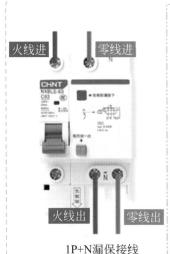

火线进　零线进

1P+N 漏保有两个进（出）线端，进一根火线加一根零线。1P+N 漏电保护器的 N 线是直通的（不管是否分开都处于通路状态）。这种接线一定要火线接在 L 端，如果 N 线错接成火线就会保护跳闸，线路继续有电，无法起到保护作用

火线出　零线出

1P+N漏保接线

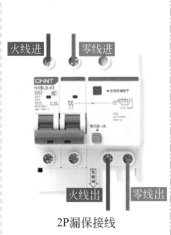

火线进　零线进

2P 漏保有两个进（出）线端，进一根火线加一根零线。遵循左火右零的接线原则

火线出　零线出

2P漏保接线

图1-16　空气开关及漏保接线说明（一）

1P + N 电源进线 220V

负载线

1P+N 漏电保护器的 N 线是直通的（不管是否分开都处于通路状态）。这种接线一定要火线接在 L 端，如果 N 线错接成火线就会保护跳闸，线路继续有电，无法起到保护作用

2P 电源进线 220V

负载线

2P 漏电保护器的接线遵循左火右零的接线原则

3P 电源进线 400V

负载线

3P 是 3 极漏电开关，用在 380V 的线路中，可以同时控制三相火线

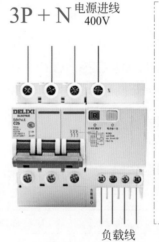

3P + N 电源进线 400V

负载线

3P+N 漏电保护器的 N 线是直通的（不管是否分开都处于通路状态）。这种接线一定要火线接在 L 端，如果 N 线错接成火线，就会保护跳闸，线路继续有电，无法起到保护作用

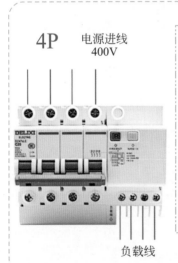

4P 电源进线 400V

负载线

4P 是 3 极漏电开关，在线路中可以同时控制三相火线再加一组零线

火线颜色一般以黄绿红为主　　零线以蓝为主　　地线以黄绿相间为主

剥皮部分尽量避免裸露在接线柱外

常规电线处理方法

线头对折处理方法（平放在接线柱内，导电面积更大）

导线颜色及电线处理方法

图1-17　空气开关及漏保接线说明（二）

（2）空气开关P数的选择？

1P 是单开，只切断火线，通常用于照明灯或用电量小的电气设备。

2P 是双开，是有两个进（出）线端，进火线、零线，这个是比较常用的。

3P 是三开，控制三相电的，有三个进（出）线端，进三根火线。通常用于三相电总线开关和三相电设备。

4P 是在三开的基础上加一端子，为零线端子，用 N 表示。

（3）空气开关（断路器）问答

① 请问小型断路器C型和D型有什么区别？

答：C 型主要用于配电控制与照明保护。D 型主要用于电动机保护。

② 请问如何计算安数（电流大小）？

答：已知电器功率除以电压等于安数（$W/U=I$）。

③ 请问单极、双极、三极这些有什么区别？

答：单极（1P）220V 切断火线，双极（2P）220V 火线和零线同时切断，三极（3P）380V 三相电全部切断。

④ 请问断路器上C6、C10、C25、C32、C63等是什么意思？

答：空气开关 C 表示断路器的分类，数字代表断路器的额定电流（单位为 A）。

⑤ 请问如何选择合适的断路器？

答：在选择断路器时，应选择比电线电流小的断路器。如 BV2.5mm² 的电线承受的电流是 26A，断路器应选择 25A 以下。断路器额定电流和导线截面积的选择见表 1-1。

表1-1　断路器额定电流和导线截面积的选择

额定电流 I_N/A	1～6A	10A	16A、20A	25A	32A	40A、50A	63A
铜导线标称截面积 /mm²	1	1.5	2.5	4	6	10	16

⑥ 已知空调功率如何选择空气开关？

见表 1-2。

表1-2　空调选型参考表

空调功率	空气开关额定电流
1 匹 ≈750W	10A
1.5 匹 ≈1125W	16A
2 匹 ≈1500W	20A
2.5 匹 ≈1875W	25A
3 匹 ≈2250W	32A
3.5 匹 ≈2625W	40A

计算公式

$$功率×3倍（瞬间启动电流大）/电压220V=电流$$

以 3 匹举例，2250W × 3/220V=30.6A，选型推荐 32A。

（4）家用配电箱空气开关配置比较

方案①经济型

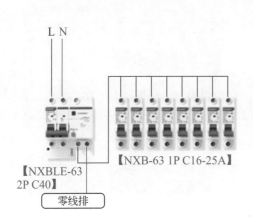

进线总开关： 2P 漏电断路器 NXBLE-63

出线负载回路： IP 断路器 NXB-63

优点： 经济实惠

缺点： 发生漏电时无法判断故障回路，且零线不具备保护

方案②紧凑型

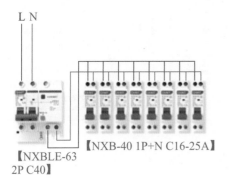

进线总开关： 2P 漏电断路器 NXBLE-63

出线负载回路： IP+N 断路器 NXB-40

优点： 相对经济实惠且零线具备保护

缺点： 发生漏电时无法判断故障回路

方案③高配型

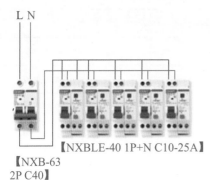

进线总开关： 2P 漏电断路器 NXB-63

出线负载回路： IP+N 断路器 NXBLE-40

优点： 保护更加精准全面，更安全

缺点： 成本更高，更占空间

（5）家用配电箱空气开关选型参考表

见表 1-3。

表1-3　家用配电箱空气开关选型

参考公式：P（功率）$= U$（电压）I（电流）				
电流	电压	功率	家用参考	铜导线截面积
1A	220V	220W		$< 1.0\text{mm}^2$
2A	220V	440W		$< 1.0\text{mm}^2$

参考公式：P（功率）$= U$（电压）I（电流）				
电流	电压	功率	家用参考	铜导线截面积
3A	220V	660W		< 1.0mm²
5A	220V	1100W		< 1.0mm²
6A	220V	1320W	照明	1.0mm²
10A	220V	2200W	照明	1.5mm²
16A	220V	3520W	插座	1.5mm²
20A	220V	4400W	厨卫	2.5mm²
25A	220V	5500W	厨卫	4.0mm²
32A	220V	7040W	电源总闸	6.0mm²
40A	220V	8800W	电源总闸	10.0mm²
50A	220V	11000W	电源总闸	16.0mm²
63A	220V	13860W	电源总闸	16.0mm²
80A	220V	17600W	电源总闸	25.0mm²
100A	220V	22000W	电源总闸	25.0mm²
125A	220V	27500W	电源总闸	35.0mm²

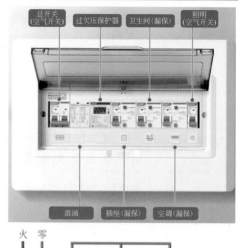

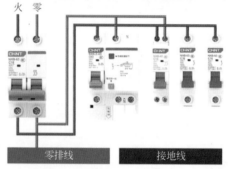

（6）依据电动机功率选择空气开关断路器及接触器和热继电器电流的方法

见表1-4。

表1-4　依据电动机功率选择空气开关、接触器和热继电器电流

电动机功率	额定电流	断路器	接触器	热继电器
1.5kW	3A	10A	9A	2.5 ～ 4A
2.2kW	4.4A	16A	9A	4 ～ 6A
3kW	6A	16A	9A	4.5 ～ 7.2A
4kW	8A	25A	12A	6.8 ～ 11A
5.5kW	11A	32A	18A	10 ～ 16A
7.5kW	15A	40A	25A	14 ～ 22A
11kW	22A	60A	32A	20 ～ 32A
18.5kW	37A	100A	50A	28 ～ 45A
22kW	44A	100A	65A	40 ～ 63A
30kW	60A	125A	80A	53 ～ 85A

断路器选型：一般选择额定电流的 1.5 ～ 2.5 倍

接触器选型：一般选择额定电流的 1.5 ～ 2 倍

热继电器选型：一般选择额定电流的 1.15 ～ 1.2 倍

1.6 按钮开关

（1）按钮开关概述

按钮开关是指利用按钮推动传动机构，使动触点与静触点接通或断开并实现电路换接的开关。按钮开关是一种结构简单、应用十分广泛的主令电器。在电气自动控制电路中，用于手动发出控制信号以控制接触器、继电器、电磁启动器等。

在实际的使用中，为了防止误操作，通常在按钮上做出不同的标记或涂以不同的颜色加以区分，其颜色有红、黄、蓝、白、黑、绿等。一般红色表示"停止"或"危险"情况下的操作；绿色表示"启动"或"接通"。急停按钮必须用红色蘑菇头按钮。按钮必须有金属的防护挡圈，且挡圈要高于按钮帽，防止意外触动按钮而产生误动作。

（2）按钮的图形及文字符号与实物

如图 1-18 所示。

常开按钮　　常闭按钮　　复合按钮　　　　按钮实物

图1-18　按钮的图形及文字符号与实物

（3）按钮分类

如图 1-19 所示。

平头按钮　　　旋钮按钮　　　蘑菇头按钮　　　急停按钮　　　带灯平头按钮　　带钥匙开关

图1-19　各种按钮实物

（4）按钮应用举例

如图 1-20、图 1-21 所示。

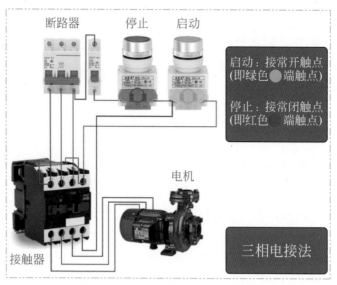

图1-20　按钮用于启停三相用电设备

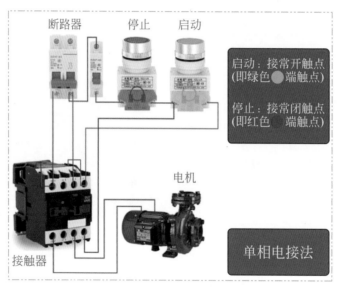

图1-21　按钮用于启停单相用电设备

1.7　行程开关

（1）行程开关概述

　　行程开关是位置开关（又称限位开关）的一种，是一种常用的小电流主令电器。行程开关利用生产机械运动部件的碰撞，使其触点动作来实现接通或分断控制电路，达到一定的控制目的。通常，这类开关被用来限制机械运动的位置或行程，使运动机械按一定位置或行程自动停止、反向运动、变速运动或自动往返运动等。在电气控制系统中，位置开关的作用是实现顺序控制、定位控制和位置状态的检测，用于控制机械设备的行程及限位保护。

　　在实际生产中，将行程开关安装在预先安排的位置，当装于生产机械运动部件上的模块撞击行程开关时，行程开关的触点动作，实现电路的切换，它的作用原理与按钮类似。

　　行程开关广泛用于各类机床和起重机械，用以控制其行程，进行终端限位保护。在电梯的控制电路中，还利用行程开关来控制开关轿门的速度，自动开关门的限位，轿厢的上、下限位保护。

行程开关可以安装在相对静止的物体（如固定架、门框等，简称静物）上或者运动的物体（如行车、门等，简称动物）上。当动物接近静物时，开关的连杆驱动开关的接点引起闭合的接点分断或者断开的接点闭合，由开关接点开、合状态的改变去控制电路和机构的动作。

（2）行程开关的图形及文字符号与实物

如图1-22、图1-23所示。

图1-22　行程开关的图形及文字符号

图1-23　行程开关实物

1.8　时间继电器

（1）时间继电器概述

时间继电器是指当加入（或去掉）输入的动作信号后，其输出电路需经过规定的准确时间才产生跳跃式变化（或触点动作）的一种继电器。

时间继电器是电气控制系统中一个非常重要的元器件，在许多控制系统中，需要使用时间继电器来实现延时控制。时间继电器是一种利用电磁原理或机械动作原理来延迟触点闭合或分断的自动控制电器。其特点是：自吸引线圈得到信号起至触点动作中间有一段延时。时间继电器一般用于以时间为函数的电动机启动过程控制。

根据其延时方式的不同，时间继电器又可分为通电延时型和断电延时型两种。

① 通电延时型时间继电器在获得输入信号后立即开始延时，需待延时完毕，其执行部分才输出信号以操纵控制电路；当输入信号消失后，继电器立即恢复到动作前的状态。

② 断电延时型时间继电器恰恰相反，当获得输入信号后，执行部分立即有输出信号；而在输入信号消失后，继电器却需要经过一定的延时，才能恢复到动作前的状态。

（2）时间继电器的图形及文字符号与实物

如图 1-24、图 1-25 所示。

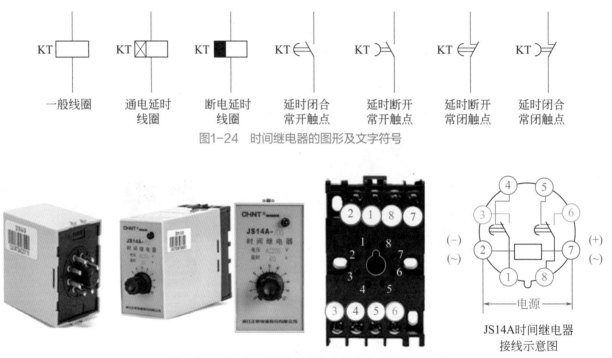

| 一般线圈 | 通电延时线圈 | 断电延时线圈 | 延时闭合常开触点 | 延时断开常开触点 | 延时断开常闭触点 | 延时闭合常闭触点 |

图1-24　时间继电器的图形及文字符号

JS14A时间继电器接线示意图

图1-25　JS14A时间继电器实物及底座接线示意图

1.9　三相交流异步电动机

（1）三相交流异步电动机概述

三相交流异步电动机是一种将电能转化为机械能的电力拖动装置，主要由定子、转子和它们之间的气隙构成。对定子绕组通入三相交流电源后，其产生旋转磁场并切割转子，获得转矩。

（2）三相交流异步电动机的图形及文字符号与实物

如图 1-26 所示。

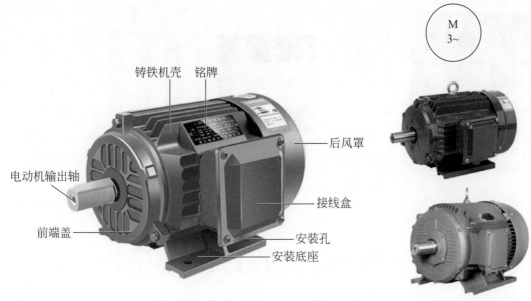

铸铁机壳　铭牌

后风罩

电动机输出轴

接线盒

前端盖

安装孔

安装底座

图1-26　三相交流异步电动机的图形及文字符号与实物

（3）三相交流异步电动机的安装方式

如图 1-27 所示。

三相卧式电动机　　　三相立式电动机　　　三相立卧式电动机

图1-27　三相交流异步电动机的安装方式

（4）电动机接线盒的两种接线方法

如图 1-28、图 1-29 所示。

Y接法(星形接法)

星形接法常用于3kW以下的三相交流异步电动机

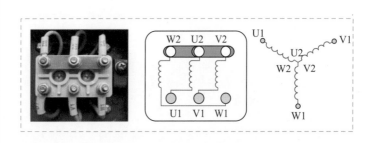

图1-28　电动机绕组的星形接法（Y接）

△接法(三角形接法)

三角形接法常用于3kW以上的三相交流异步电动机

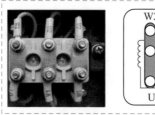 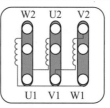

图1-29　电动机绕组的三角形接法（△接）

1.10　小功率电动机的刀开关控制

（1）刀开关概述

刀开关是带有动触点（闸刀），并通过它与底座上的静触点（刀夹座）相契合（或分离），以接通（或分断）电路的一种开关。刀开关又名闸刀，一般用于不需要经常切断与闭合的交、直流低压（不大于500V）电路。在额定电压下其工作电流不能超过额定值。在机床上，刀开关主要用作电源开关，一般不用来接通或切断电动机的工作电流。它适用于交流50Hz，额定电压至380V，交流电压至380V，直流电压至440V，额定电流至1500A的成套配电装置中，作为不频繁地手动接通和分断交、直流电路开关或作隔离开关用。

刀开关控制电动机原理图如图1-30所示：

① 合上刀开关QS，电动机M得电启动、运行。

② 断开刀开关QS，电动机M失电停转。

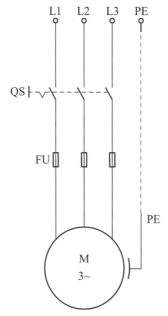

图1-30　刀开关控制电动机原理图

小功率三相异步电动机的刀开关控制启停接线图如图 1-31 所示，刀开关内部结构与接线如图 1-32 所示。

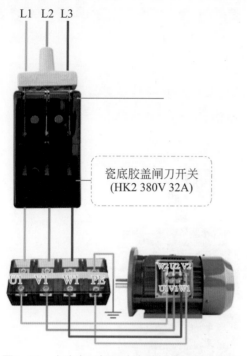

图1-31　小功率三相异步电动机的刀开关直接控制启停接线图

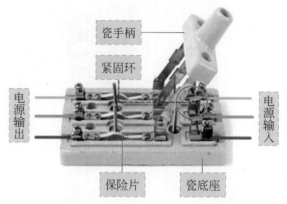

图1-32　刀开关内部结构与接线图

（2）选用刀开关时的注意事项

① 按刀开关的用途选择合适的操作方式。

② 刀开关的额定电压和额定电流必须符合电路要求。

③ 校核刀开关的动稳定性和热稳定性，如与电路不符，就应选用增大一级额定电流的刀开关。

（3）刀开关在安装时的注意事项

① 刀开关安装时应做到垂直安装，使闭合操作时的手柄操作方向从下向上合，断开操作时的手柄操作方向应从上向下分，不允许采用平装或倒装，以防止误合闸。

② 刀开关安装后应检查闸刀和静插座的接触是否呈直线和紧密。

③ 母线与刀开关接线端子相连时，不应存在极大的扭应力，并保证接触可靠。在安装杠杆操作机构时，应调节好连杆长度，使刀开关操作灵活。

1.11　小功率电动机的倒顺开关控制

（1）倒顺开关概述

倒顺开关也叫作顺逆开关，它的作用是连通、断开电源或负载，可以使电动机正转或反转，主要用于单相、三相电动机的正反转。

（2）倒顺开关控制三相电动机正反转工作原理

三相电源提供一个旋转磁场，使三相电动机转动，因电源三相的接法不同，磁场可顺时针或逆时针旋转。为改变转向，只需要将电动机电源的任意两相相序进行改变即可完成。如原来的相序是 A、B、C，只需改变为 A、C、B 或 C、B、A。一般的倒顺开关有两排六个端子，调相通过中间触头换向接触，达到换相目的。

（3）倒顺开关实物

如图 1-33 所示。

图1-33　倒顺开关实物

（4）倒顺开关控制电动机正反转实物接线示意图

如图 1-34、图 1-35 所示。

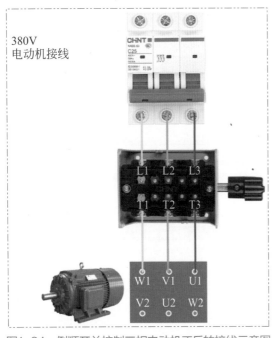

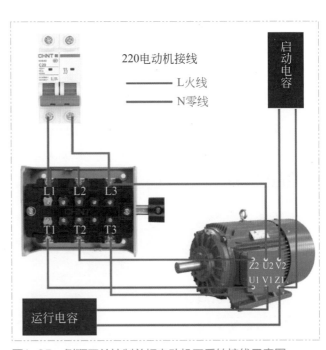

图1-34　倒顺开关控制三相电动机正反转接线示意图　　图1-35　倒顺开关控制单相电动机正反转接线示意图

1.12　电动机的铁壳开关控制

（1）铁壳开关概述

铁壳开关又称熔断器式负荷开关，简称负荷开关，一般工作在交流 50 ～ 60Hz，额定绝缘电压至 500V，工作电压至 415V，约定发热电流至 2000A 的电路中，用于手动不频繁地接通与分断负载电路和线路的过载及短路保护。

（2）结构特征

铁壳开关主要由触点灭弧系统、熔断器、操作机构和外壳四个部分组成。开关外壳盖带有联锁装置，促使盖子打开后开关不能接通及开关接通后盖子不能打开，保证操作人员的安全。

（3）铁壳开关实物

如图 1-36 所示。

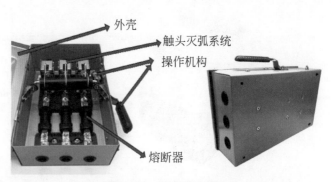

图1-36　铁壳开关实物

（4）较大功率三相异步电动机的铁壳开关直接控制启停接线示意图

如图 1-37 所示。

图1-37　较大功率三相异步电动机的铁壳开关直接控制启停接线示意图

1.13 电动机的保护型断路器控制

（1）电动机保护型断路器概述

可在配电网络中用于线路和电源设备的过载及短路保护。在正常情况下，也可用于线路的不频繁转换及电动机的不频繁启动和转换。

（2）DZ108-20型电动机断路器实物

如图 1-38 所示，DZ108-20 型电动机断路器，辅助触点组合一开一闭，控制电动机最大功率 10kW。辅助触点闭合或断开可用于辅助电路指示灯的亮灭或者给 PLC 等设备提供输入信号。

图 1-39 所示接线图的工作原理：按下绿色的 ON 按钮，电动机启动，按下 OFF 按钮，电动机失电停转。

图1-38　电动机保护型断路器实物

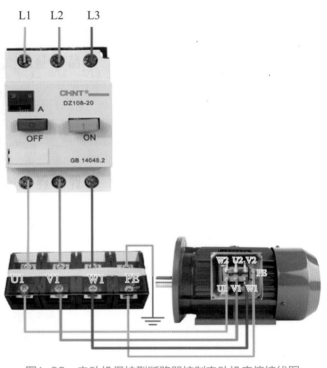

图1-39　电动机保护型断路器控制电动机启停接线图

 注意

电动机不频繁启停可用此接线方案。如电动机需要频繁启停，则此方案不适用。

第 2 章
接近开关接线与
PLC输入输出接线

2.1 接近开关

（1）接近开关概述

接近开关又称无触点接近开关，是一种无须与运动部件进行机械接触而可以操作的位置开关，当物体接近开关的感应面到动作距离时，不需要机械接触及施加任何压力即可使开关动作，从而驱动直流电器或给计算机（PLC）装置提供控制指令。接近开关是一种开关型传感器（即无触点开关），它既有行程开关、微动开关的特性，同时具有传感性能，且动作可靠，性能稳定，频率响应快，应用寿命长，抗干扰能力强，并具有防水、防震、耐腐蚀等特点。产品有电感式、电容式、霍尔式、交流型、直流型。

接近开关广泛地应用于机床、冶金、化工、轻纺和印刷等行业。在自动控制系统中可用于限位、计数、定位控制和自动保护环节等。

图 2-1 为接近开关实物。

图2-1　接近开关实物

（2）接近开关的种类

因为位移传感器可以根据不同的原理和不同的方法做成，而不同的位移传感器对物体的"感知"方法也不同，所以常见的接近开关有以下几种。

① 无源接近开关：这种开关不需要电源，通过磁力感应控制开关的闭合状态。当磁或者铁质触发器靠近开关磁场时，和开关内部磁力发生作用，从而控制闭合。

> **特点：** 不需要电源，非接触式、免维护、环保。

② 涡流式接近开关：这种开关有时也叫作电感式接近开关，它是利用导电物体在接近这个能产生电磁场的接近开关时，使物体内部产生涡流。这个涡流反作用到接近开关，使开关内部电路参数发生变化，由此识别出有无导电物体移近，进而控制开关的通或断。这种接近开关所能检测的物体必须是导电体，其应用在各种机械设备上做位置检测、计数信号拾取等。

③ 电容式接近开关：这种开关的测量端通常构成电容器的一个极板，而另一个极板是开关的外壳。这个外壳在测量过程中通常是接地或与设备的机壳相连接。当有物体移向接近开关时，不论它是否为导体，由于它的接近，总要使电容的介电常数发生变化，从而使电容量发生变化，使得和测量头相连的电路状态也随之发生变化，由此便可控制开关的接通或断开。这种接近开关检测的对象，不限于导体，可以是绝缘的液体或粉状物等。

④ 霍尔接近开关：霍尔元件是一种磁敏元件。利用霍尔元件做成的开关，叫作霍尔开关。当磁性物件移近霍尔开关时，开关检测面上的霍尔元件因产生霍尔效应而使开关内部电路状态发生变化，由此识别出附近有磁性物体存在，进而控制开关的通或断。这种接近开关的检测对象必须是磁性物体。

⑤ 光电式接近开关：利用光电效应做成的开关叫作光电开关。将发光器件与光电器件按一定方向装在同一个检测头内。当有反光面（被检测物体）接近时，光电器件接收到反射光后便有信号输出，由此便可"感知"有物体接近。

（3）接近开关的接线

① 接近开关分两线制、三线制和四线制，三线制接近开关又分为 NPN 型和 PNP 型，它们的接线是不同的。

② 两线制接近开关的接线比较简单，接近开关与负载串联后接到电源即可。

③ 三线制接近开关的接线：红（棕）线接电源正端；蓝线接电源 0V 端；黄（黑）线为信号端，应接负载。负载的另一端是这样接的：对于 NPN 型接近开关，应接到电源正端；对于 PNP 型接近开关，则应接到电源 0V 端。

④ 接近开关的负载可以是信号灯、继电器线圈或可编程控制器（PLC）的数字量输入模块等。

⑤ 需要特别注意接到 PLC 数字输入模块的三线制接近开关型式的选择。PLC 数字量输入模块一般可分为两类：一类的公共输入端为电源负极，电流从输入模块流出，此时，一定要选用 PNP 型接近开关；另一类的公共输入端为电源正极，电流流入输入模块，此时，一定要选用 NPN 型接近开关。

⑥ 两线制接近开关受工作条件的限制，导通时开关本身产生一定压降，截止时又有一定的剩余电流流过，选用时应予以考虑。三线制接近开关虽多了一根线，但不受剩余电流之类不利因素的困扰，工作更为可靠。

⑦ 有的接近开关"常开"和"常闭"信号同时引出，或增加其他功能，此种情况，应按产品说明书具体接线。

2.2 两线制接近开关接线

（1）DC与AC两线制接近开关接线示意图及说明

如图 2-2 所示。

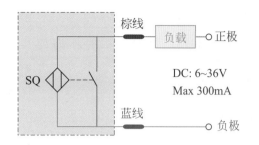
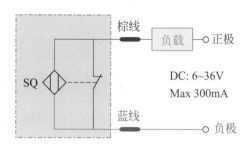

直流两线制接近开关（NO型）接线　　　　直流两线制接近开关（NC型）接线

交流两线制接近开关（NO型）接线　　　　交流两线制接近开关（NC型）接线

常开（NO）型在平常状态下为断开状态，当感应到物体时才闭合。可视作常开按钮。感应到物体时相当于按钮被按下。

常闭（NC）型在平常状态下为闭合状态，当感应到物体时才断开。可视作常闭按钮。感应到物体时相当于按钮被按下而断开。

负载 可以是中间继电器线圈、PLC数字量输入模块、信号灯等设备。

图2-2　DC与AC两线制接近开关接线示意图及说明

（2）DC与AC两线制接近开关接线口诀及开关实物

如图 2-3 所示。

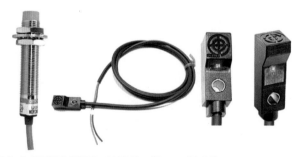

接线口诀：
开关串在回路中，
开关视作按钮看，
NO当作常开钮，
NC视作常闭钮。

图2-3　DC与AC两线制接近开关接线口诀及开关实物

2.3　PNP三线制接近开关接线

（1）PNP三线制接近开关接线

如图 2-4 所示。

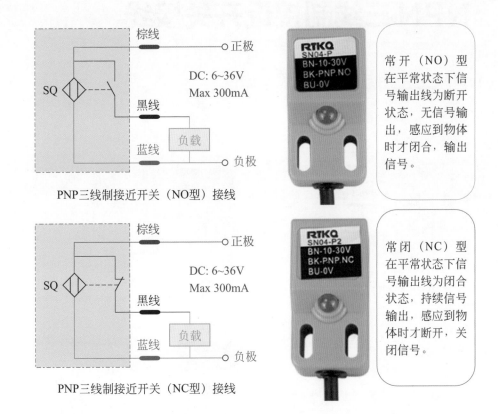

PNP三线制接近开关（NO型）接线

常开（NO）型在平常状态下信号输出线为断开状态，无信号输出，感应到物体时才闭合，输出信号。

PNP三线制接近开关（NC型）接线

常闭（NC）型在平常状态下信号输出线为闭合状态，持续信号输出，感应到物体时才断开，关闭信号。

负载 可以是中间继电器、PLC、灯等设备。如果负载为中间继电器，可通过中间继电器的常开、常闭触点控制接触器等，进而通过接触器等实现对电动机等设备的控制。

图2-4　PNP三线制接近开关接线与说明

（2）PNP解读

表示共负电压（传感器的蓝色线和负载一端共同接到电源的负极上），输出正电压（输出的电压信号为正的也就是正极电压信号）。

（3）三线制PNP接近开关接负载（中间继电器）示意图及接线口诀

如图 2-5 所示。

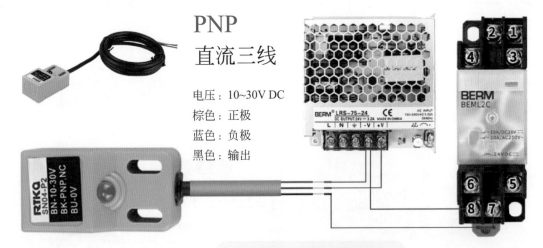

PNP
直流三线

电压：10~30V DC
棕色：正极
蓝色：负极
黑色：输出

接线口诀：棕正蓝负黑信号。

图2-5　三线制PNP接近开关接负载（中间继电器）示意图及接线口诀

2.4 NPN三线制接近开关接线

（1）NPN三线制接近开关接线及说明

如图 2-6 所示。

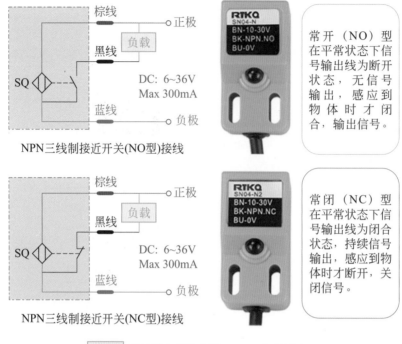

NPN三线制接近开关(NO型)接线

常开（NO）型在平常状态下信号输出线为断开状态，无信号输出，感应到物体时才闭合，输出信号。

NPN三线制接近开关(NC型)接线

常闭（NC）型在平常状态下信号输出线为闭合状态，持续信号输出，感应到物体时才断开，关闭信号。

负载 可以是中间继电器、PLC、灯等设备。

图2-6　NPN三线制接近开关接线及说明

（2）NPN解读

表示共正电压（传感器的棕色线和负载一端共同接到电源的正极上），输出负极电压（输出的电压信号为负极电压信号 0V）。

（3）三线制NPN接近开关接负载（中间继电器）示意图及接线口诀

如图 2-7 所示。

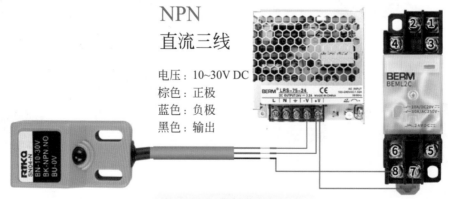

NPN
直流三线

电压：10~30V DC
棕色：正极
蓝色：负极
黑色：输出

接线口诀：棕正蓝负黑信号。

图2-7　三线制NPN接近开关接负载（中间继电器）示意图及接线口诀

2.5 四线制接近开关接线

（1）NPN四线接近开关接线

如图 2-8 所示。

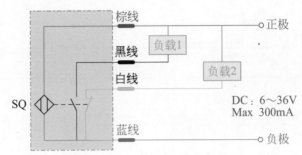

图2-8　NPN四线制接近开关接线

（2）PNP四线制接近开关接线

如图 2-9 所示。

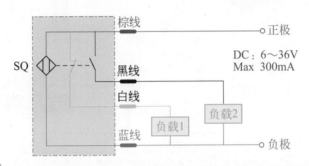

负载　可以是中间继电器线圈、PLC数字量输入模块、信号灯等设备。

图2-9　PNP四线制接近开关接线

（3）四线制接近开关实物

如图 2-10 所示。

图2-10　四线制接近开关实物

（4）四线制接近开关接线口诀

四线制接近开关接线口诀：

棕接正来蓝接负，黑白都是信号出，

黑白各自接负载，黑常开来白常闭。

负载另端哪里接？ NPN 型要接正，PNP 型要接负。

2.6 PLC（200 SMART ST20）输入端接线（接三线制PNP传感器等）

如图 2-11 所示。

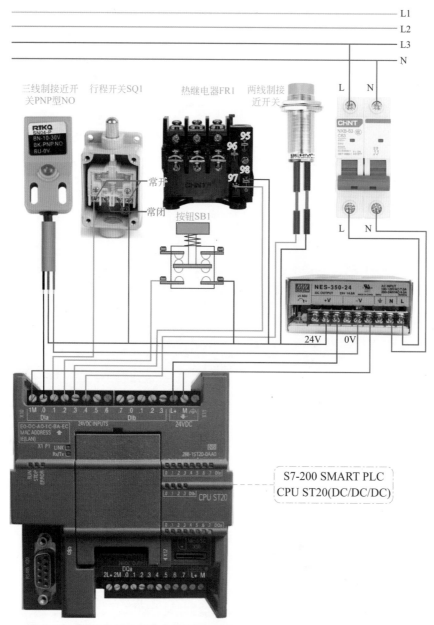

图2-11 PLC的输入端接线（按钮、行程开关、接近开关、热继电器等）

　　三线制接近开关的接线：红（棕）线接电源正端；蓝线接电源 0V 端；黄（黑）线为信号，应接负载。负载的另一端是这样接的：对于 NPN 型接近开关，应接到电源正端；对于 PNP 型接近开关，则应接到电源 0V 端。本 PLC 公共输入端 1M 接电源负极，电流从输入模块 1M 端流出，因此要选用 PNP 型接近开关。

　　两线制接近开关的接线参照按钮的接线方式。

2.7 PLC（200 SMART ST20）输入端接线（接三线制NPN传感器等）

如图 2-12 所示。

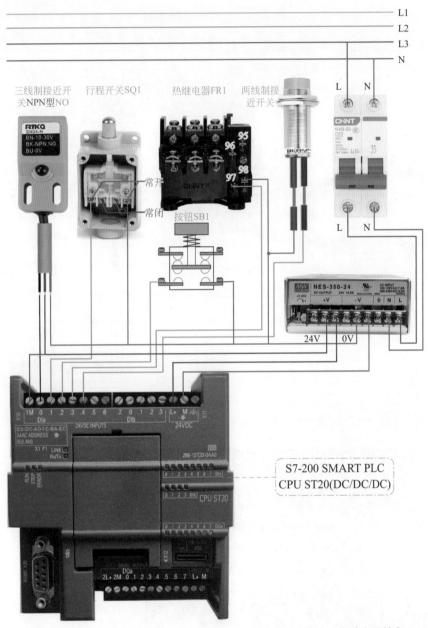

图2-12 PLC的输入端接线（按钮、行程开关、接近开关、热继电器等）

三线制接近开关的接线：红（棕）线接电源正端；蓝线接电源 0V 端；黄（黑）线为信号，应接负载。负载的另一端是这样接的：对于 NPN 型接近开关，应接到电源正端；对于 PNP 型接近开关，则应接到电源 0V 端。本 PLC 公共输入端 1M 接电源正极，电流从输入模块 1M 端流入PLC，因此要选用 NPN 型接近开关。

两线制接近开关接线参照按钮的接线。

2.8 PLC (200 SMART SR40) 输入端接线 (接三线制PNP传感器等)

如图 2-13 所示。

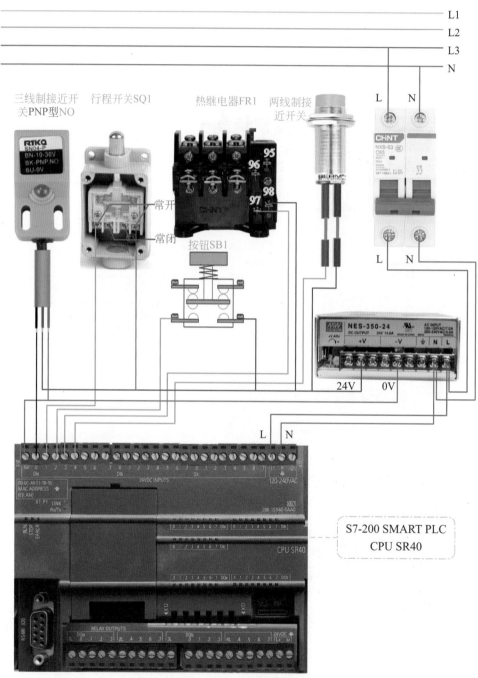

图2-13 PLC的输入端接线 (按钮、行程开关、接近开关、热继电器等)

本 PLC 采用交流电源供电, 公共输入端 1M 接电源负极, 电流从输入模块 1M 端流出, 因此三线制接近开关要选用 PNP 型接近开关。

两线制接近开关接线可参考按钮的接线方式。

2.9 PLC（200 SMART SR40）输入端接线（接三线制NPN传感器等）

如图 2-14 所示。

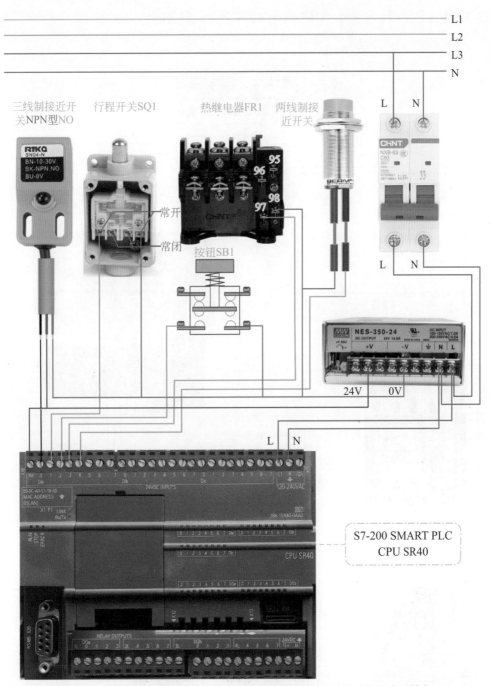

图2-14　PLC的输入端接线（按钮、行程开关、接近开关、热继电器等）

本 PLC 采用交流电源供电，公共输入端为了接 NPN 接近开关，1M 接电源正极，电流从 PLC 的 1M 端流入，选用 NPN 型接近开关。

两线制接近开关接线可参照按钮的接线方式。

2.10 PLC（200 SMART ST20）输出端接线（接中间继电器、接触器、电磁阀等）

S7-200 SMART PLC ST20（DC/DC/DC）输出端接24V设备（中继、报警灯）并通过中继控制220V设备（接触器、电磁阀等）的接线示意如图2-15所示。

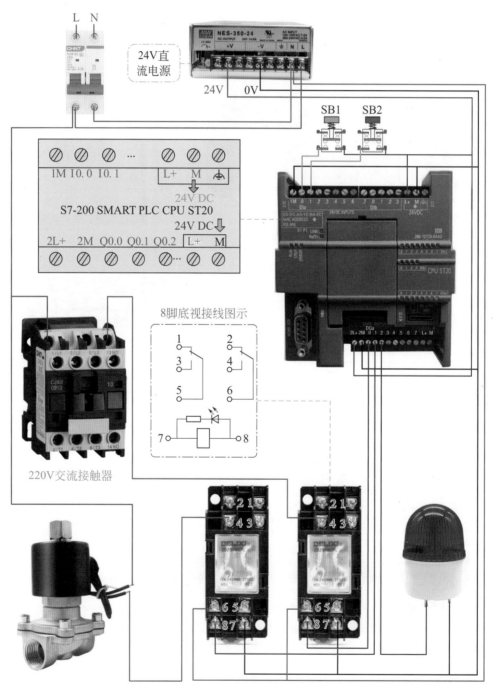

图2-15 S7-200 SMART PLC ST20（DC/DC/DC）输出端接24V设备（中间继电器、报警灯）并通过中间继电器控制220V设备（接触器、电磁阀等）接线示意

　　如果输出端所需 24V 供电设备功率不大，也可以直接采用 PLC 自带的 24V 输出电源给输出端相关设备供电，如图 2-16 所示。

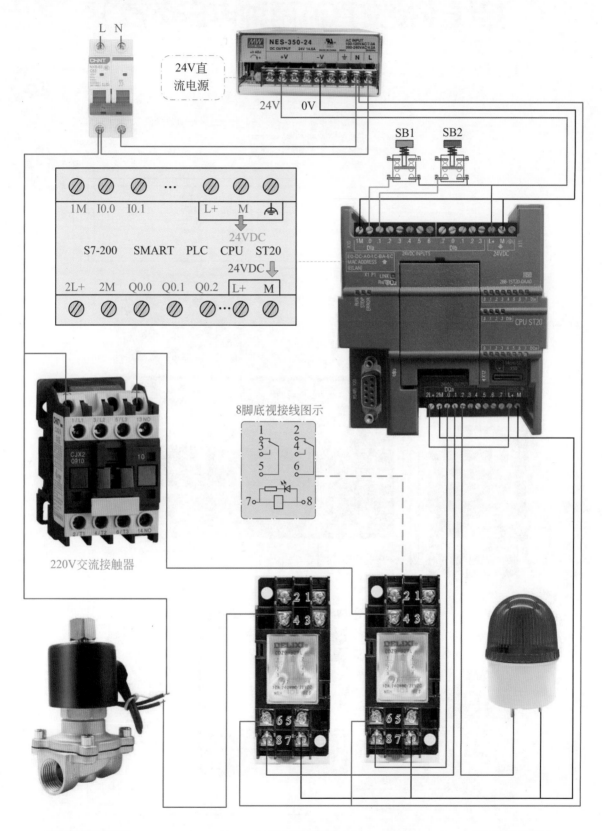

图2-16　S7-200 SMART PLC ST20(DC/DC/DC)输出端接24V设备
（利用PLC输出端电源供电）并通过中继控制220V设备接线示意

2.11 PLC（200 SMART SR40）输出端接线（接交直流两种电压负载）

如图 2-17 所示。

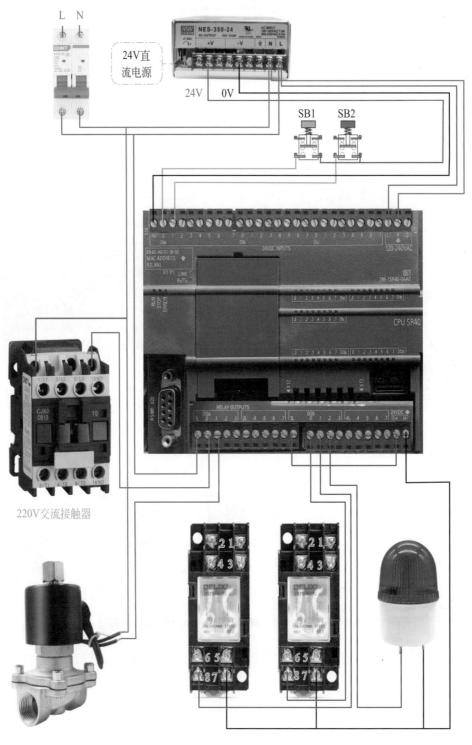

图2-17　S7-200 SMART PLC SR40输出端接24V设备
（中间继电器、报警指示灯）及220V设备（接触器、电磁阀等）接线示意

　　图 2-17 中，24V 中间继电器和 24V 报警指示灯采用 PLC 自带的 24V 输出电源供电，PLC 输出公共端 3L 接 PLC 输出电源的正极；220V 电磁阀和 220V 交流接触器共用一个 PLC 输出公共端 1L，1L 接火线 L，电磁阀和接触器线圈 A1 端接零线 N。

　　S7-200 SMART PLC SR40 为继电器输出型，其输出公共端 1L、2L、3L、4L 可以接不同类型的电源，控制不同电压等级的负载。

　　如果输入输出端所需的 24V 供电设备功率不大，也可以直接采用 PLC 自带的 24V 输出电源给输入端和输出端相关设备供电，而无须使用专门的 24V 直流电源，如图 2-18 所示。

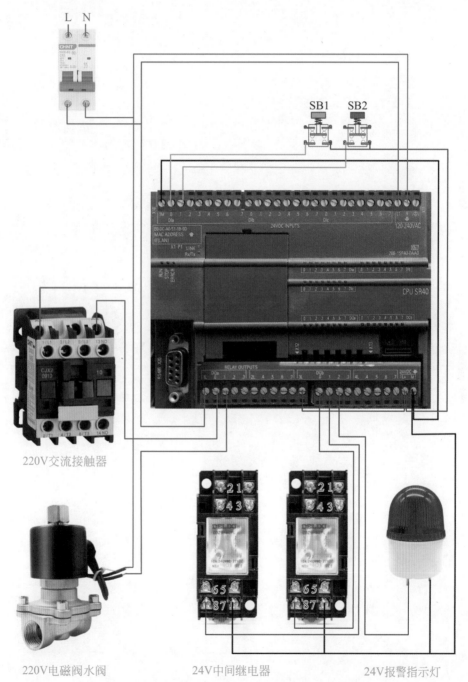

图2-18　直接采用PLC输出24V电源为输入输出供电接线示意

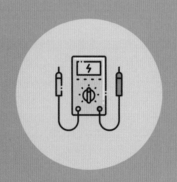

第 3 章
电气控制线路实物接线与 PLC 实物接线及分析

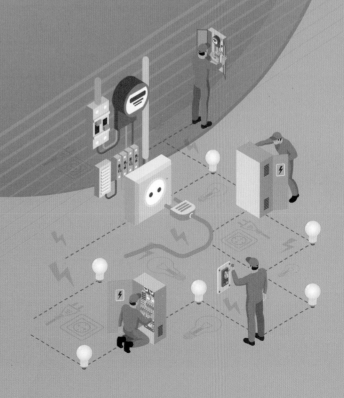

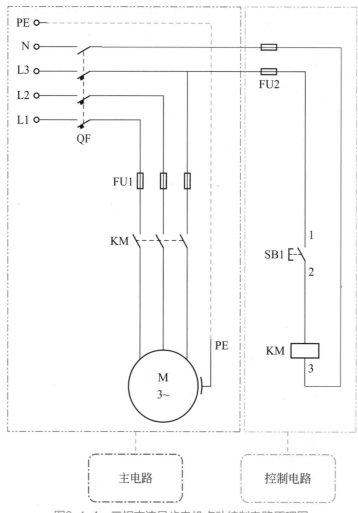

图3-1-1　三相交流异步电机点动控制电路原理图

图 3-1-1 原理： 合上电源开关 QF。

① 按下 SB1，线圈 KM 得电，三对主触点 KM 闭合，电机 M 启动、运行。

② 松开 SB1，接触器线圈 KM 失电，三对主触点 KM 断开，电机 M 停转。

主电路接线说明：

　　① 断路器 QF：输入端接三相电源相线 L1、L2、L3 以及零线 N，输出端相线接至熔断器 FU1，输出端零线接控制线路熔断器 FU2。

　　② 熔断器 FU1：用于主电路的短路保护，其输入端接断路器 QF 的三相电源相线输出端，输出端接至交流接触器 KM 三对主触点的进线端。

　　③ 交流接触器 KM：线圈额定电压交流 220V，接触器三对主触点输入端接熔断器 FU1 的输出端，接触器三对主触点输出端接至三相交流异步电机接线盒的 U1、V1、W1 接线端子。

④ 三相交流异步电机 M：接线盒 U1、V1、W1 接线端子接接触器三对主触点出线端，接线盒 U2、V2、W2 接线端子用短接金属片短接起来；也可以 U2、V2、W2 接接触器主触点接线端，U1、V1、W1 接线端子短接。电机的这种接法即三相异步电机定子绕组的星形接法。电机外壳接 PE 端子排或接地。

三相交流异步电机点动控制实物接线图如图 3-1-2 所示。

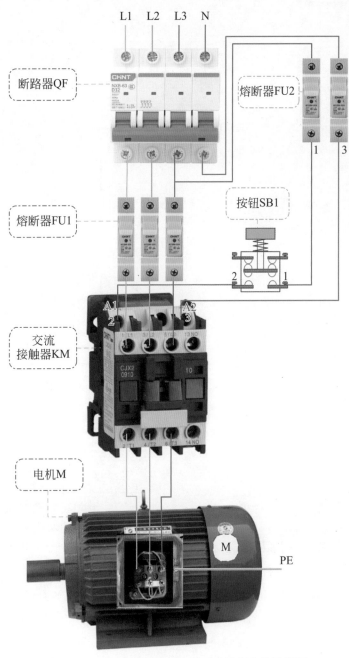

图3-1-2　三相交流异步电机点动控制实物接线图

控制电路接线说明：

① 控制线路熔断器 FU2：用于控制线路的短路保护，一端接 QF 输出，另一端接按钮、接触器线圈。

② 按钮 SB1 接线：按钮一对常开接点一端接熔断器 FU2 输出端，另一端接交流接触器的线圈端 A1。

③ 接触器线圈 KM 接线：接触器线圈一端（A1）接按钮 SB1 的常开触点，接触器线圈另一端（A2）接熔断器 FU2 的输出端。

2. 电机点动控制实物接线（板上明线配盘模式）

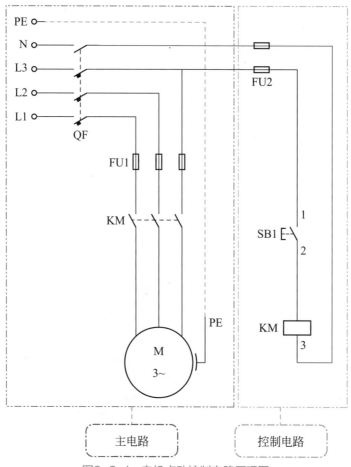

图3-2-1　电机点动控制电路原理图

图 3-2-1 原理： 合上电源开关 QF。

① 按下 SB1，线圈 KM 得电，三对主触点 KM 闭合，电机 M 启动、运行。

② 松开 SB1，接触器线圈 KM 失电，三对主触点 KM 断开，电机 M 停转。

主电路接线说明：

　　① 断路器 QF：输入端接三相电源相线 L1、L2、L3 以及零线 N，输出端相线接至熔断器 FU1，输出端零线接控制线路熔断器 FU2。

　　② 熔断器 FU1：输入端接断路器 QF 的三相电源相线输出端，输出端接至交流接触器 KM 三对主触点的进线端。

　　③ 接触器 KM：接触器三对主触点输入端接熔断器 FU1 的输出端，接触器三对主触点输出端接至端子排再到三相交流异步电机接线盒接线端子。

　　④ 三相交流异步电机 M：接线盒 U1、V1、W1 接线端子接端子排，接线盒 U2、V2、W2 接线端子用短接金属片短接起来。电机的这种接法即三相异步电机定子绕组的星形接法。电机外壳接端子排 PE 端。

电机点动控制实物接线图（板上明线配盘模式）如图 3-2-2 所示。

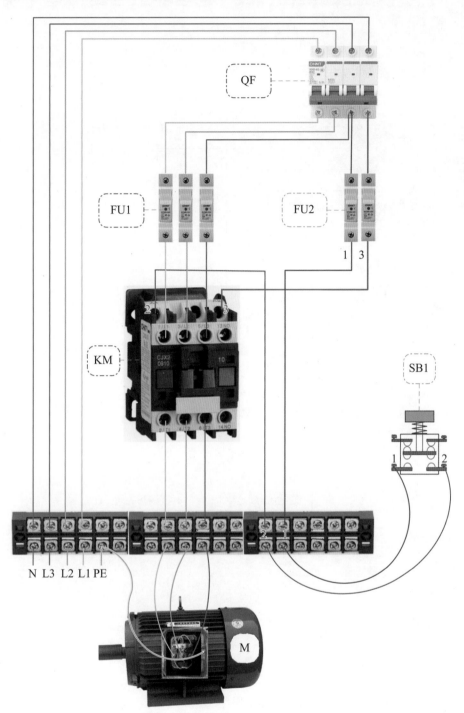

图3-2-2　电机点动控制实物接线图（板上明线配盘模式）

控制电路接线：

　　① 控制线路熔断器 FU2：用于控制线路的短路保护。

　　② 按钮 SB1 接线：按钮一对常开接点一端接端子排 1 号端，另一端接至端子排 2 号端。

　　③ 接触器线圈 KM 接线：接触器线圈一端（A1）接端子排的 2 号端，接触器线圈另一端（A2）接熔断器 FU2 的输出端（3 号端子）。

电机点动控制电路原理图如图 3-3-1 所示。

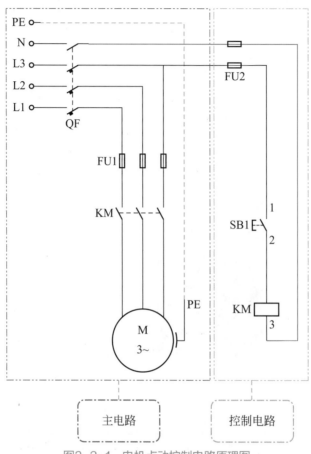

图3-3-1 电机点动控制电路原理图

主电路检查：

准备工作 端子排外接电源端子（DEFG）与外部电源断开，端子排接电机端子（KLM）与电机接线断开，合上电源开关 QF，用螺丝刀（螺钉旋具）等按下与接触器 KM 动铁芯相连的绝缘体，模拟接触器吸合。

（1）数字万用表拨至通断测试挡位测通断

① 数字万用表拨至通断测试挡位 [如图 3-3-2（a）所示]，红表笔接至端子排 G 端，黑表笔接至端子排 K 端，万用表蜂鸣器响，显示器显示较小的数值，说明从 G 端到 K 端是导通的。如万用表蜂鸣器不响，显示器显示如图 3-3-2（b）所示，说明从 G 端到 K 端是不通的。

② 数字万用表拨至通断测试挡位，红表笔接至端子排 F 端，黑表笔接至端子排 L 端，万用表蜂鸣器响，显示器显示较小的数值，说明从 F 端到 L 端是导通的。

③ 数字万用表拨至通断测试挡位，红表笔接至端子排 E 端，黑表笔接至端子排 M 端，万用表蜂鸣器响，显示器显示较小的数值，说明从 E 端到 M 端是导通的。

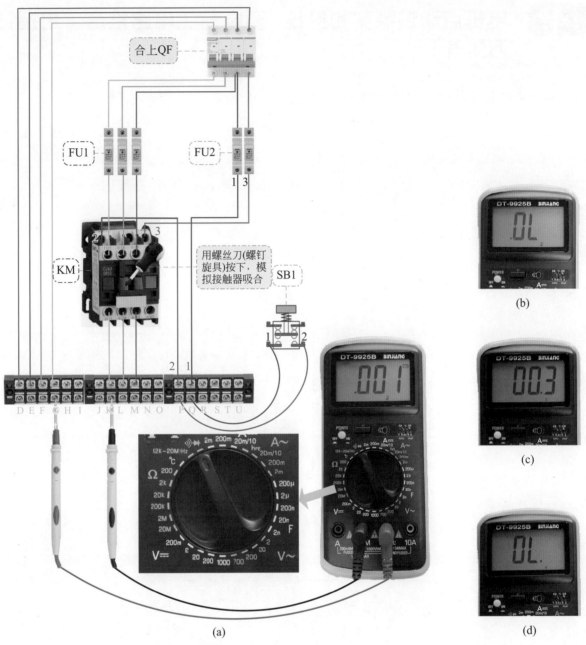

图3-3-2　电机点动控制接线（板上明线配盘模式）通电前用数字万用表检查主电路

（2）数字万用表拨至电阻挡位测通断（此处以电阻挡200Ω 为例）

① 数字万用表拨至电阻挡位 [图 3-3-2（a）中 200Ω 处所示]，红表笔接至端子排 G 端，黑表笔接至端子排 K 端，万用表显示器显示较小的数值，说明从 G 端到 K 端是导通的。如万用表显示器显示 OL.（有的万用表显示 1. 表示超量程）如图 3-3-2（d）所示，说明从 G 端到 K 端是不通的。

② 数字万用表拨至电阻挡位，红表笔接至端子排 F 端，黑表笔接至端子排 L 端，万用表显示器显示较小的数值，说明从 F 端到 L 端是导通的。

③ 数字万用表拨至电阻挡位，红表笔接至端子排 E 端，黑表笔接至端子排 M 端，万用表显示器显示较小的数值，说明从 E 端到 M 端是导通的。

电机点动控制线路原理图如图 3-4-1 所示。

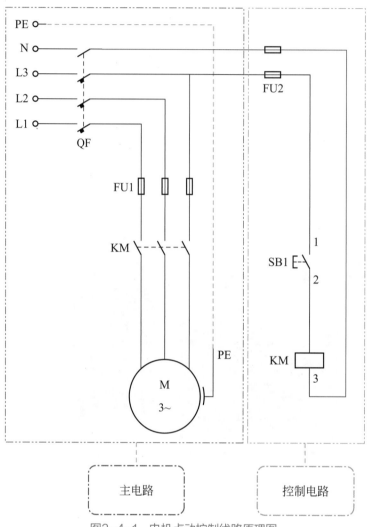

图3-4-1　电机点动控制线路原理图

主电路检查：

前提条件 端子排外接电源端子（DEFG）与外部电源断开，端子排接电机端子（KLM）与电机接线断开；合上电源 QF，用螺丝刀等按下与接触器 KM 动铁芯相连的绝缘体，模拟接触器吸合。

（1）用指针万用表的通断（蜂鸣器）挡位测量

① 指针万用表拨至通断测试挡位［如图 3-4-2（a）所示］，红表笔接至端子排 G 端，黑表笔接至端子排 K 端，万用表蜂鸣器响，指针偏向表盘右侧电阻挡 0 附近，说明从 G 端到 K 端是导通的。如蜂鸣器不响，指针指向表盘左侧，说明从 G 端到 K 端是不通的（断开的），如图 3-4-2（b）所示。

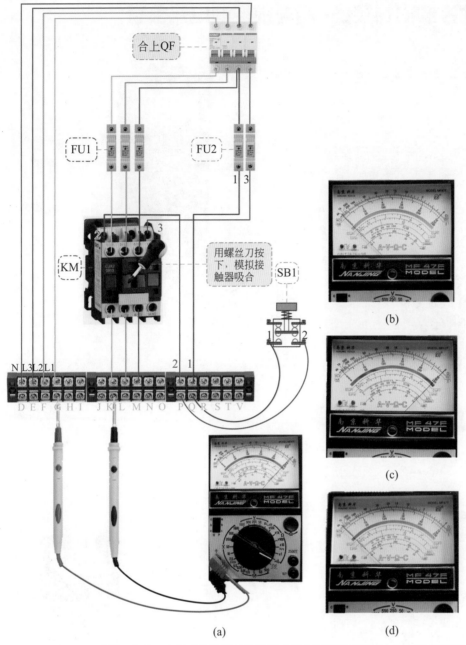

② 红表笔接至端子排 F 端，黑表笔接至端子排 L 端，万用表蜂鸣器响，指针偏向表盘右侧电阻挡 0 附近，说明从 F 端到 L 端是导通的。

③ 红表笔接至端子排 E 端，黑表笔接至端子排 M 端，万用表蜂鸣器响，指针偏向表盘右侧电阻挡 0 附近，说明从 E 端到 M 端是导通的。

图3-4-2　电机点动控制实物接线（板上明线配盘模式）通电前用指针万用表检查主电路

（2）用指针万用表的电阻挡位测量通断

① 指针万用表拨至合适的电阻挡位调零后，红表笔接至端子排 G 端，黑表笔接至端子排 K 端，万用表指针偏向表盘右侧电阻表盘 0 附近，说明从 G 端到 K 端是导通的，如图 3-4-2（c）所示。如指针指向表盘左侧电阻表盘的 ∞ 附近，说明从 G 端到 K 端是不通的（断开的），如图 3-4-2（d）所示。

② 红表笔接至端子排 F 端，黑表笔接至端子排 L 端，万用表指针偏向表盘右侧电阻表盘 0 附近，说明从 F 端到 L 端是导通的。

③ 红表笔接至端子排 E 端，黑表笔接至端子排 M 端，万用表指针偏向表盘右侧电阻表盘 0 附近，说明从 E 端到 M 端是导通的。

5. 电机点动控制实物接线-通电前控制电路检查

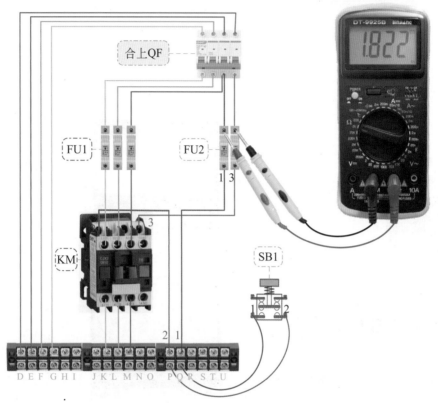

图3-5-1 万用表检测控制电路接线示意图（数字万用表，按钮SB1被按下时的显示情况）

控制电路检查：

准备工作 端子排外接电源端子（DEFG）与外部电源断开，端子排接电机端子（KLM）与电机接线断开，合上电源QF。

（1）用数字万用表检查

① 数字万用表拨至电阻挡合适挡位（图3-5-1所示万用表拨至2k挡位），红黑表笔接至控制线路熔断器FU2的入线端，按下按钮SB1，万用表显示阻值为1.822kΩ，如图3-5-1所示，万用表显示的是接触器KM线圈的电阻。

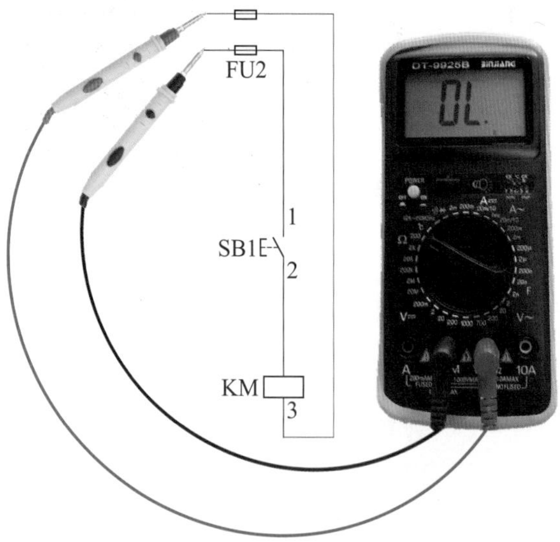

图3-5-2 电机点动控制控制电路数字万用表检测原理示意图（按钮未按下）

② 松开按钮SB1，万用表显示OL.，也就是无穷大，表示断开，如图3-5-2所示（有的数字万用表显示1.表示电阻无穷大，线路断开）。

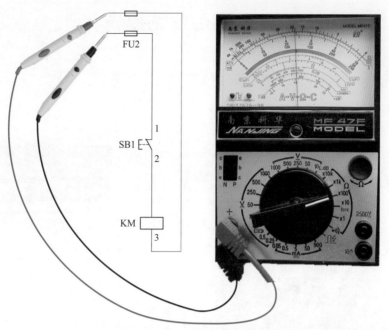

图3-5-3　指针万用表检测电机点动控制电路原理示意图（按钮按下）

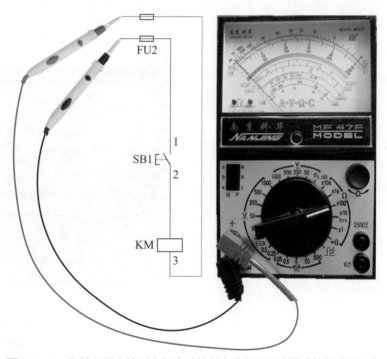

图3-5-4　指针万用表检测电机点动控制电路原理示意图（按钮未按下）

（2）用指针万用表检查

① 指针万用表拨至电阻挡合适挡位（图 3-5-3 所示万用表拨至 ×100 挡位），红黑表笔接至控制线路熔断器 FU2 的入线端，按下按钮 SB1，万用表显示阻值约为 1.85kΩ（18.5×100Ω=1.85kΩ），如图 3-5-3 所示，万用表显示的就是接触器 KM 线圈的电阻。

② 松开按钮 SB1，万用表指针指在表盘左侧电阻挡刻度的 ∞ 位置附近，也就是无穷大，表示断开，如图 3-5-4 所示。

6. 电机点动控制PLC实现实物接线

PLC 实现的电机点动控制实物接线图如图 3-6-1 所示。

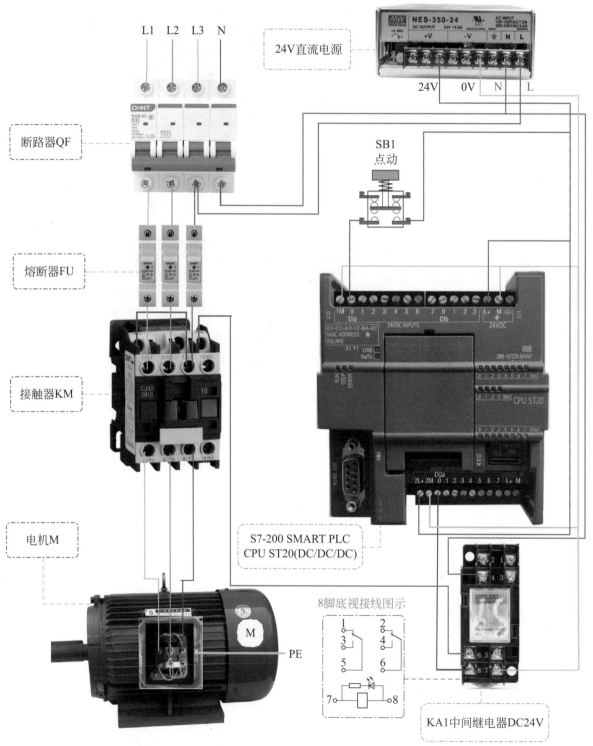

图3-6-1　PLC实现的电机点动控制实物接线图

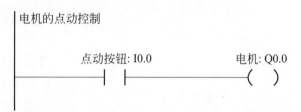

① PLC 电源接线：L+ 接直流电源 24V，M 接直流电源 0V；2L+ 接直流电源 24V，1M、2M 接直流电源 0V。

② PLC 输入端子接线：点动按钮 SB1 接 I0.0。

③ PLC 输出端子接线：Q0.0 接中间继电器 8 号端子（线圈正极）。

④ 中间继电器 KA1 接线：7 号端子（线圈负极）接直流电源 0V，6 号公共端接接触器线圈（A2 端），中间继电器 4 号接断路器 QF 的输出端电源零线 N。

⑤ 按钮 SB1 接线：按钮一对常开触点一端接直流电源 24V，另一端接 PLC 的 I0.0。

PLC 实现的电机点动控制 PLC 程序如图 3-6-2 所示。

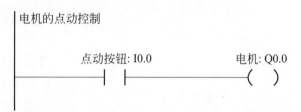

图3-6-2　PLC实现的电机点动控制PLC程序

PLC实现的电机点动控制程序说明：

① 按下按钮 SB1，I0.0=ON，Q0.0 得电，中间继电器 KA1 线圈得电，KA1 常开触点闭合，接触器 KM 线圈得电，电机启动运转。

② 松开按钮 SB1，I0.0=OFF，Q0.0 失电，中间继电器 KA1 线圈失电，KA1 常开触点恢复断开，接触器 KM 线圈失电，电机停转。

PLC 实现的电机点动控制的意义：所有电路不变，通过改变 PLC 程序，还可以实现电机启停次数、电机累计工作时间等更多信息的获取，因而，即便是用继电控制很容易实现的电机点动控制，用 PLC 实现依然是很有意义的。

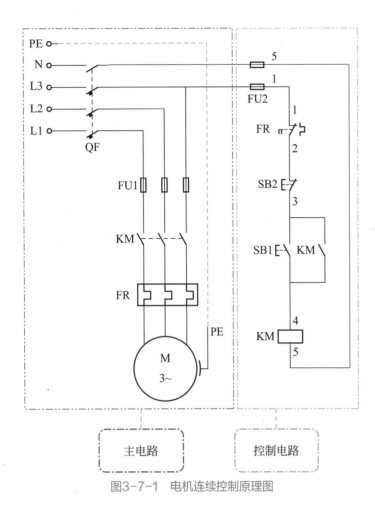

图3-7-1 电机连续控制原理图

主电路

控制电路

图 3-7-1 原理：

合上电源开关 QF。

（1）启动

按下 SB1 使其常开触点闭，合线圈 KM 得电，其主触点 KM 闭合，电机接通电源启动，同时辅助常开触点 KM 闭合，实现自锁。

当松开 SB1，其常开触点恢复分断后，因为接触器的常开辅助触点 KM 仍然闭合，将 SB1 短接，控制电路仍保持接通状态，所以接触器线圈 KM 继续得电，电机能持续运转。

这种松开启动按钮后，接触器能够自己保持得电的作用叫作自锁，与启动按钮并联的接触器一对常开辅助触点叫作自锁触点。

（2）停止

按下 SB2 使其常闭触点立即分断，线圈 KM 失电，接触器主触点 KM 断开，电机断开，电源停转，接触器辅助常开触点 KM 断开，解除自锁。

当松开 SB2 其常闭触点恢复闭合后，因接触器的自锁触点 KM 在切断控制电路时已经分断，停止了自锁，这时接触器线圈 KM 不可能得电。要使电机重新运行，必须进行重新启动。

主电路接线说明：

① 断路器 QF：输入端接三相电源相线 L1、L2、L3 以及零线 N，输出端相线接至熔断器 FU1，输出端零线接控制线路熔断器 FU2。

② 熔断器 FU1：输入端接断路器 QF 的三相电源相线输出端，输出端接至交流接触器 KM 三对主触点的进线端。

③ 接触器 KM：接触器三对主触点输入端接熔断器 FU1 的输出端，接触器三对主触点输出端接至热继电器。

④ 热继电器 FR：热继电器热元件输入端接接触器三对主触点的输出端，热继电器热元件输出端接至电机接线盒。

⑤ 三相交流异步电机 M：接线盒 U1、V1、W1 接线端子接热继电器热元件出线端，接线盒 U2、V2、W2 接线端子用短接金属片短接起来；也可以 U2、V2、W2 接接触器主触点接线端，U1、V1、W1 接线端子短接。电机的这种接法即三相异步电机定子绕组的星形接法。电机外壳接 PE 端子排或接地。

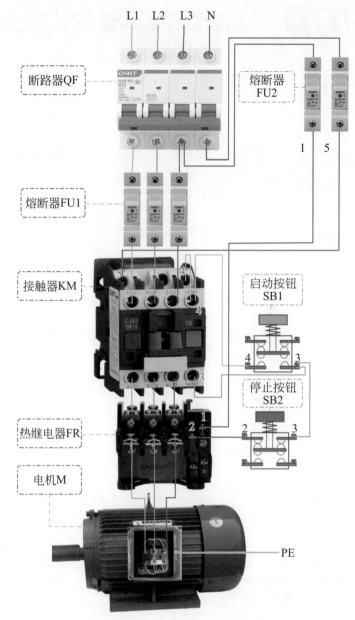

图3-7-2　电机连续控制实物接线图

控制电路接线：

① 如图 3-7-1 所示，连接熔断器 FU2 与热继电器 FR 的常闭触点标注为 1 的线，我们称为 1 号线，具体接线实现见图 3-7-2 中的两处标注为 1 的连接导线。

② 如图 3-7-1 所示，2 号线连接热继电器与停止按钮 SB2，具体接线实现见图 3-7-2 中的两处标注为 2 的连接导线。

③ 如图 3-7-1 所示，3 号线涉及停止按钮 SB2、启动按钮 SB1、接触器 KM 自锁触点，具体接线实现见图 3-7-2 中的三处标注为 3 的连接导线。

④ 如图 3-7-1 所示，4 号线涉及启动按钮 SB1、接触器 KM 线圈、接触器自锁触点，具体接线实现见图 3-7-2 中的三处标注为 4 的连接导线。

⑤ 如图 3-7-1 所示，5 号线连接接触器 KM 线圈、熔断器 FU2，具体接线实现见图 3-7-2 中的两处标注为 5 的连接导线。

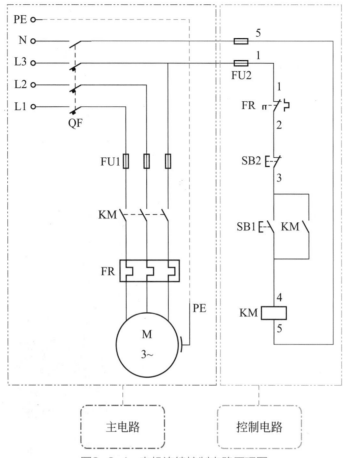

图3-8-1 电机连续控制电路原理图

主电路接线说明：

同前述电路，此处不再赘述。

控制电路接线：

① 如图 3-8-1 所示，连接熔断器 FU2 与热继电器 FR 的常闭触点标注为 1 的线我们称为 1 号线，具体接线实现见图 3-8-2 中的两处标注为 1 的连接导线。

② 如图 3-8-1 所示，2 号线连接热继电器与停止按钮 SB2，具体接线实现见图 3-8-2，热继电器常闭触点到端子排的硬线（铝塑线或者铜塑线等）和按钮出来的多芯软线经端子排相连。

③ 如图 3-8-1 所示，3 号线涉及停止按钮 SB2、启动按钮 SB1、接触器 KM 自锁触点，具体接线实现见图 3-8-2，接触器自锁触点到端子排的硬线和按钮出来的多芯软线经端子排相连。

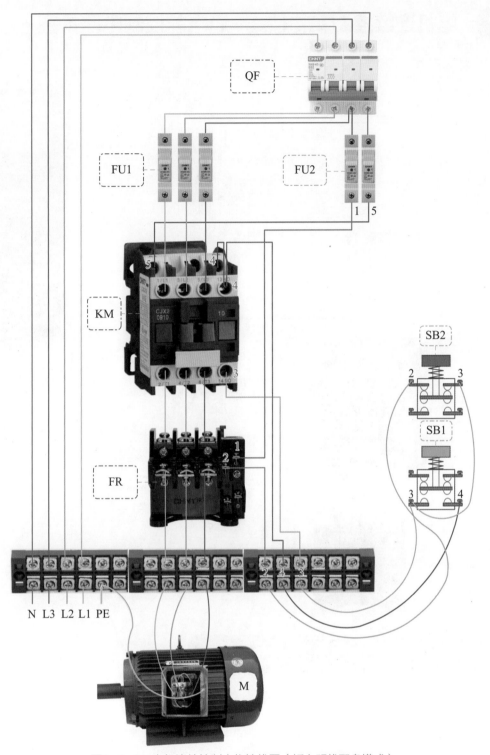

图3-8-2　电机连续控制实物接线图（板上明线配盘模式）

④ 如图 3-8-1 所示，4 号线涉及启动按钮 SB1、接触器 KM 线圈、接触器自锁触点，具体接线实现见图 3-8-2，接触器到端子排的硬线和按钮出来的多芯软线经端子排相连。

⑤ 如图 3-8-1 所示，5 号线连接接触器 KM 线圈、熔断器 FU2，具体接线实现见图 3-8-2 中的两处标注为 5 的连接导线。

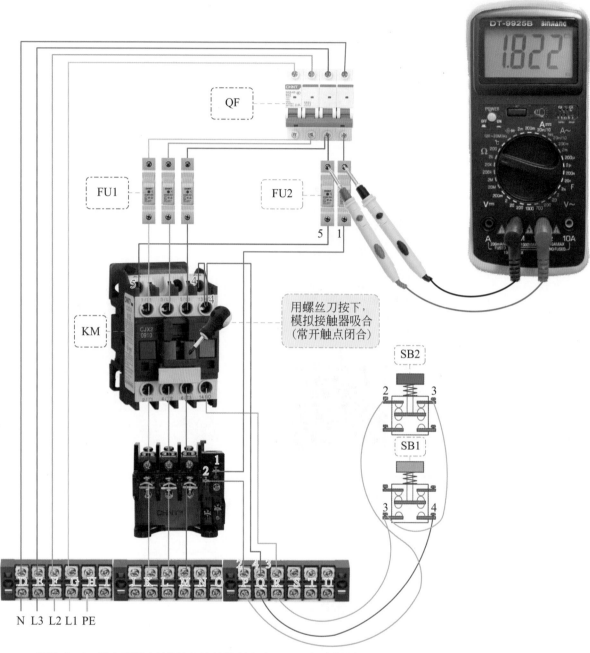

图3-9-1　数字万用表检测电机连续控制电路原理示意图（按钮SB1被按下或接触器动铁芯被按下）

用螺丝刀按下，
模拟接触器吸合
（常开触点闭合）

控制电路检查：

准备工作 端子排电源端子外接电源端子（DEFGH）与外部电源断开，端子排接电机端子（KLM）与电机接线断开。

用数字万用表检查方法如下。

① 数字万用表拨至电阻挡合适挡位（图3-9-1所示万用表拨至2k挡位），红黑表笔接

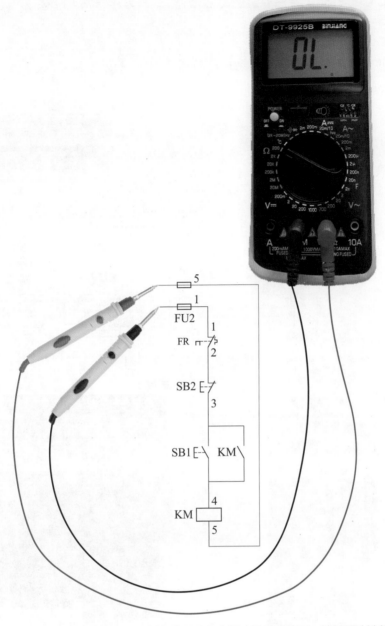

图3-9-2　数字万用表检测电机连续控制电路原理示意图（按钮未按下，接触器动铁芯未被按下）

至控制线路熔断器 FU2 的入线端，按下按钮 SB1，万用表显示阻值为 1.822kΩ，如图 3-9-1 所示，万用表显示的是接触器 KM 线圈的电阻。

　　② 松开按钮 SB1，万用表显示 OL.，也就是无穷大，表示断开，如图 3-9-2 所示（有的数字万用表显示 1. 表示电阻无穷大，线路断开）。

　　③ 用螺丝刀等按下与接触器 KM 动铁芯相连的绝缘体，模拟接触器吸合（接触器自锁触点吸合），万用表显示阻值为 1.822kΩ，如图 3-9-1 所示，万用表显示的是接触器 KM 线圈的电阻。

　　④ 松开接触器 KM 的动铁芯相连的绝缘体，万用表显示 OL.，也就是无穷大，表示断开，如图 3-9-2 所示（有的数字万用表显示 1. 表示电阻无穷大，线路断开）。

10. PLC实现的电机连续控制实物接线方案1

PLC 实现的电机连续控制实物接线图如图 3-10-1 所示。

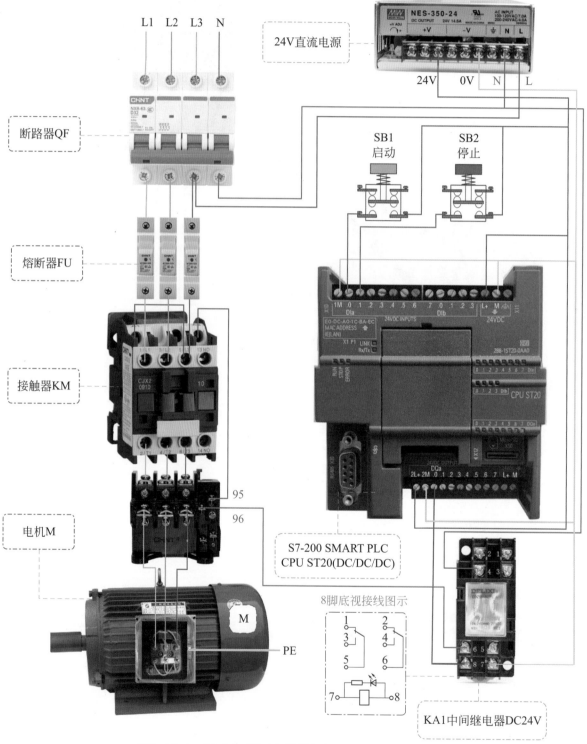

图3-10-1　PLC实现的电机连续控制实物接线图（方案1）

① PLC 电源接线：L+ 接直流电源 24V，M 接直流电源 0V；2L+ 接直流电源 24V，1M、2M 接直流电源 0V。

② PLC 输入端子接线：启动按钮 SB1 接 I0.0，停止按钮 SB2 接 I0.1，注意此处启动按钮和停止按钮都接的是常开触点。

③ PLC 输出端子接线：Q0.0 接中间继电器 8 号端子（线圈正极）。

④ 中间继电器 KA1 接线：7 号端子（线圈负极）接直流电源 0V，6 号公共端经热继电器一对常闭触点后到接触器线圈（A2 端），中间继电器 4 号接断路器 QF 的输出端电源零线 N。

⑤ 启动按钮 SB1 接线：按钮一对常开触点一端接直流电源 24V，另一端接 PLC 的 I0.0。

⑥ 停止按钮 SB2 接线：按钮一对常开触点一端接直流电源 24V，另一端接 PLC 的 I0.1。

该种接法的特点是：热继电器的辅助触点没有连接到 PLC 的输入端。这种情况下如果电机运行过载导致热继电器常闭触点断开时，由于接触器线圈失电，电机会停止运行。此种情况下最好将热继电器设置为手动复位方式，在复位前要先按一下停止按钮 SB2，以保证 PLC 的输出 Q0.0 处于 0 状态，避免热继电器复位后造成电机自行启动。

PLC 程序如图 **3-10-2** 所示。

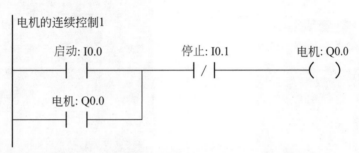

图3-10-2　电机连续控制（方案1）的PLC程序

电机连续控制（方案1）PLC程序说明：

① 按下启动按钮 SB1，I0.0=ON，Q0.0 得电并自锁，中间继电器 KA1 线圈得电，KA1 常开触点闭合，接触器 KM 线圈得电，电机启动连续运转。

② 按下停止按钮 SB2，I0.1=ON，Q0.0 失电并解除自锁，中间继电器 KA1 线圈失电，KA1 常开触点恢复断开，接触器 KM 线圈失电，电机停转。

需要注意的是

热继电器的辅助触点没有连接到 PLC 的输入端。这种情况下，如果电机运行过载导致热继电器常闭触点断开时，由于接触器线圈失电，电机会停止运行。此种情况下最好将热继电器设置为手动复位方式，在复位前要先按一下停止按钮 SB2，以保证 PLC 的输出 Q0.0 处于 0 状态，避免热继电器复位后造成电机自行启动。

假定热继电器为自动复位方式，如果电机运行过载导致热继电器常闭触点断开，由于接触器线圈失电，电机会停止运行。由于热继电器热元件不再有电流流过，双金属片温度会慢

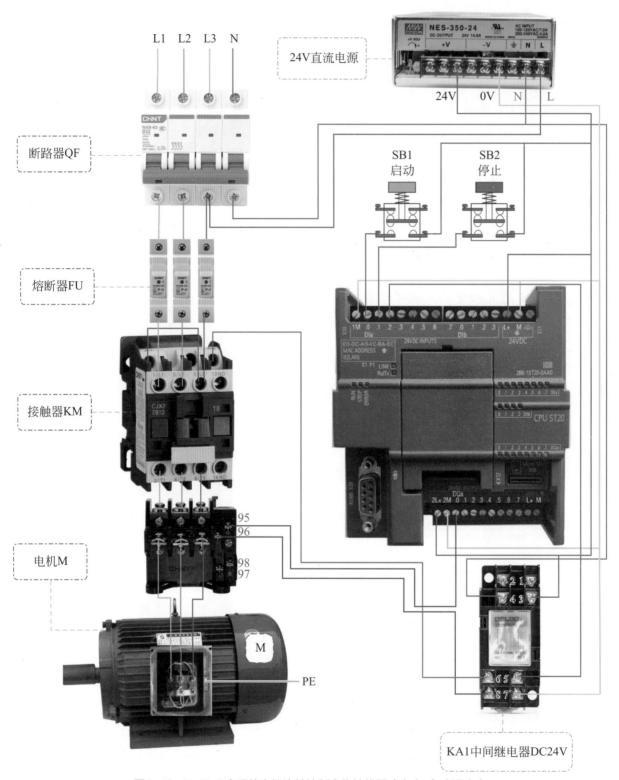

L1 L2 L3 N

24V直流电源

24V 0V N L

断路器QF

SB1 启动

SB2 停止

熔断器FU

接触器KM

95
96
98
97

电机M

PE

M

KA1中间继电器DC24V

图3-10-3 PLC实现的电机连续控制实物接线图（方案1）改进方案

慢降低，到一定程度，热继电器触点复位，常闭触点 95-96 恢复闭合，这时接触器线圈得电，接触器主触点闭合，电机会得电自行启动，有可能造成安全生产事故。那么如何改进接线方式来避免这种自行启动的现象呢？

原因剖析：造成电机重新得电自行启动的根源是，在电机发生过载热继电器动作后，在没有操作停止按钮 SB2 的情况下，KA1 的线圈仍处于得电状态，故中间继电器 KA1 的 6-4 之间的常开触点仍处于闭合状态，所以当热继电器常闭触点恢复闭合时，接触器线圈得电，电机会自行启动。因此只要热继电器过载，如果能使中间继电器 KA1 的线圈失电，便能避免电机重新得电而自行启动。

如何实现呢？可以将热继电器的常开触点 97-98 接入 PLC 的输入端，在热继电器过载时，通过 PLC 编程使得输出 Q0.0 失电，也就是在热继电器过载时其常开触点的闭合动作起到了类似按下"停止按钮"的作用。当然如果不用热继电器的常开触点，还可以用中间继电器的常开触点接入 PLC 的输入端，也可以起到按下"停止按钮"的作用。采用中间继电器的常开触点接入 PLC 输入端的改进方案如图 3-10-3 所示。改进方案的 PLC 程序如图 3-10-4 所示。

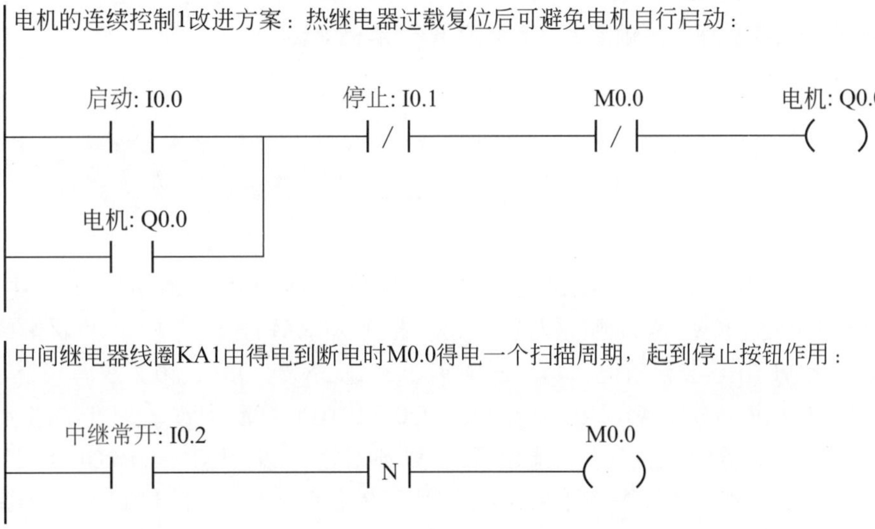

电机的连续控制1改进方案：热继电器过载复位后可避免电机自行启动：

```
启动: I0.0        停止: I0.1      M0.0           电机: Q0.0
 ──┤ ├──┬─────────┤/├──────────┤/├──────────(   )
        │
 电机: Q0.0
 ──┤ ├──┘
```

中间继电器线圈KA1由得电到断电时M0.0得电一个扫描周期，起到停止按钮作用：

```
中继常开: I0.2                    M0.0
 ──┤ ├──────────────┤N├──────────(   )
```

图3-10-4　PLC实现的电机连续控制（方案1）改进方案PLC程序

接线说明，重点说明有变动的几点：

① PLC 输入端子接线：启动按钮 SB1 接 I0.0，停止按钮 SB2 接 I0.1，中间继电器常开辅助触点 5 接 I0.2，注意此处启动按钮和停止按钮都接的是常开触点。

② PLC 输出端子接线：Q0.0 接热继电器常闭辅助触点 95，热继电器常闭辅助触点 96 接中间继电器 8 号端子（线圈正极）。

③ 中间继电器 KA1 接线：7 号端子（线圈负极）接直流电源 0V，6 号公共端接接触器线圈（A2 端），中间继电器 4 号接断路器 QF 的输出端电源零线 N，8 号端子接热继电器常闭辅助触点 96 号端子，3 号端子接 24V 线，5 号端子接 PLC 的输入 I0.2；3 号端子和 5 号端子为中间继电器 KA1 的一对常开辅助触点。

其余接线类似，不再赘述。

该种接法的特点是： 热继电器的常闭辅助触点串入了 PLC 输出 Q0.0 和中间继电器线圈 8 号端子之间。这种情况下，如果电机运行过载导致热继电器常闭触点断开时，中间继电器线圈失电，中间继电器的常开辅助触点 4-6 断开，接触器 KM 线圈失电，电机会停止运行。中间继电器的另一对常开辅助触点 3-5 断开，使 PLC 的 I0.2 失电，通过 PLC 程序控制，不管热继电器是手动还是自动复位模式，都可有效避免热继电器复位后造成的电机自行启动现象。

PLC实现的电机连续控制改进方案PLC程序说明：

① 按下启动按钮 SB1，I0.0=ON，Q0.0 得电并自锁，中间继电器 KA1 线圈得电，KA1 常开触点闭合，接触器 KM 线圈得电，电机启动连续运转。

② 按下停止按钮 SB2，I0.1=ON，Q0.0 失电并解除自锁，中间继电器 KA1 线圈失电，KA1 常开触点恢复断开，接触器 KM 线圈失电，电机停转。

电机过载后有效自动避免电机自行启动的说明：

电机运行过程中出现了过载，这时热继电器常闭辅助触点 95-96 断开，中间继电器 KA1 线圈失电，KA1 常开触点恢复断开，接触器 KM 线圈失电，电机停转。同时中间继电器 KA1 由得电到断电，其常开触点 3-5 由 ON 到 OFF，I0.2 取得一个下降沿，M0.0 得电一个扫描周期，其常闭触点断开，Q0.0 失电并解除自锁，起到了停止按钮的作用。当热继电器复位后，其常闭触点又恢复到常闭状态，这时由于 Q0.0 已经失电，中间继电器和接触器 KM 线圈均不会得电，因而避免了因热继电器过载后复位造成的电机的自行启动现象，并为下一次启动做好了准备。

说明

电机（或其他设备）的连续控制作为自动控制的重要典型单元，其 PLC 实现意义在于：不仅仅是实现启动、停止等基本功能，通过 PLC 程序可实现与其他设备的逻辑控制，也可以统计电机的累计工作时间、工作次数等，还可以通过编程实现基于时间的各种控制等。PLC 还可以和触摸屏（HMI）、组态软件等通信连接，实现更加便捷和丰富直观的工业过程控制。

心得笔记

PLC实现的电机连续控制实物接线方案2

PLC 实现的电机连续控制实物接线图（方案 2）如图 3-11-1 所示。

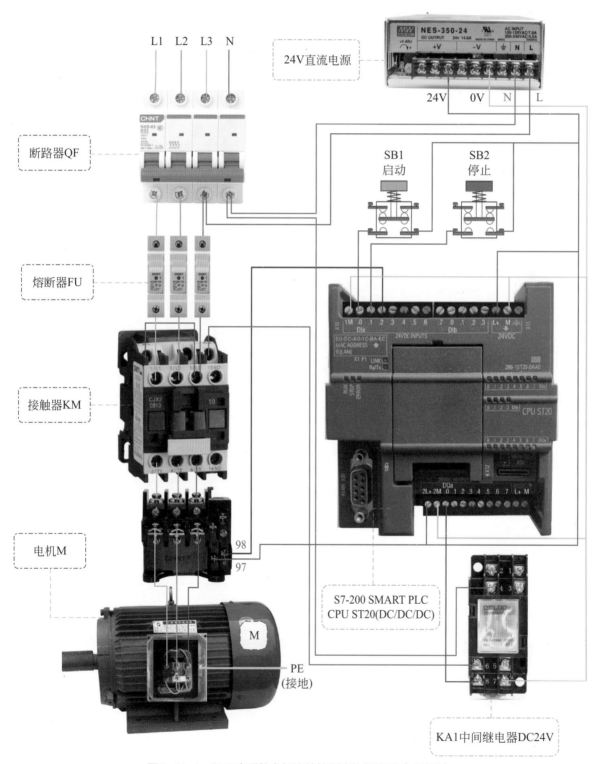

图3-11-1 PLC实现的电机连续控制实物接线图（方案2）

① PLC 电源接线：L+ 接直流电源 24V，M 接直流电源 0V；2L+ 接直流电源 24V，1M、2M 接直流电源 0V。

② PLC 输入端子接线：启动按钮 SB1 接 I0.0，停止按钮 SB2 接 I0.1，热继电器常开辅助触点一端接 I0.2。

③ PLC 输出端子接线：Q0.0 接中间继电器 8 号端子（线圈正极）。

④ 中间继电器 KA1 接线：7 号端子（线圈负极）接直流电源 0V，6 号公共端接接触器线圈（A2 端），中间继电器 4 号接断路器 QF 的输出端电源零线 N。

⑤ 启动按钮 SB1 接线：按钮一对常开触点一端接直流电源 24V，另一端接 PLC 的 I0.0。

⑥ 停止按钮 SB2 接线：按钮一对常开触点一端接直流电源 24V，另一端接 PLC 的 I0.1。

此接法的特点是：热继电器的辅助触点连接到 PLC 的输入端。这种情况下电机过载时热继电器常开触点闭合相当于按下了停止按钮，电机会停止运行，避免了方案 1 所述的电机的自行启动。此种情况下热继电器的复位方式可根据实际情况确定。

PLC 实现的电机连续控制（方案 2）程序如图 3-11-2 所示。

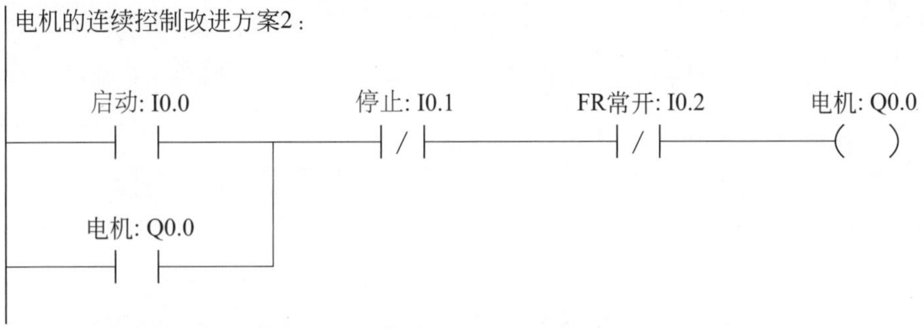

电机的连续控制改进方案2：

图3-11-2　PLC实现的电机连续控制（方案2）程序

PLC实现的电机连续控制（方案2）程序说明：

① 按下启动按钮 SB1，I0.0=ON，Q0.0 得电并自锁，中间继电器 KA1 线圈得电，KA1 常开触点闭合，接触器 KM 线圈得电，电机启动连续运转。

② 按下停止按钮 SB2，I0.1=ON，Q0.0 失电并解除自锁，中间继电器 KA1 线圈失电，KA1 常开触点恢复断开，接触器 KM 线圈失电，电机停转。

电机过载后复位，可避免电机自行启动的说明：

电机运行过程中出现了过载，这时热继电器常开辅助触点 97-98 闭合，I0.2 为 ON，Q0.0 失电并解除自锁，起到了停止按钮的作用。当热继电器不管手动还是自动复位后，其常开触点又恢复到常开状态，这时由于 Q0.0 已经失电，中间继电器和接触器 KM 线圈均不会得电，因而避免了因热继电器过载后复位造成的电机的自行启动现象，并为下一次启动做好了准备。

本方案相对简单，当然，热继电器 FR 的常闭辅助触点 95-96 没有用到，也可以将该对触点串联到中间继电器线圈或接触器线圈得电线路中，此处不再赘述。也可以不接热继电器的常开辅助触点 97-98，而是通过热继电器常闭触点 95-96 来控制 PLC 使 Q0.0 失电，起到停止按钮的作用。

12. 开关实现的电机点动连续混合控制

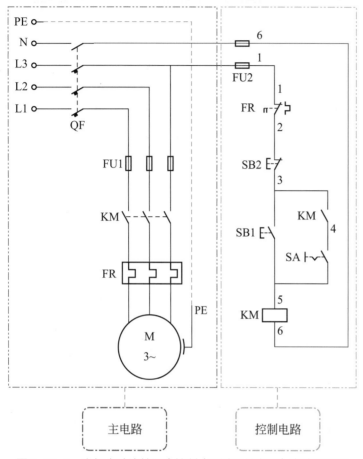

图3-12-1 电机点动连续混合控制（通过开关实现）电路原理图

图 3-12-1 原理：

合上电源开关 QF。

（1）点动

当需要点动时，断开开关 SA，辅助常开触点 KM 线路被断开，相当于将自锁环节破坏，由按钮 SB1 来进行点动控制。

（2）连续

当需要连续工作时合上开关 SA，将接触器 KM 的自锁触点接入，即可实现连续控制。

主电路接线说明：

同前述连续控制电路接线图，此处不再赘述。

控制电路接线：

① 如图 3-12-1 所示，连接熔断器 FU2 与热继电器 FR 的常闭触点标注为 1 的线我们称为 1 号线，具体接线实现见图 3-12-2 中的两处标注为 1 的连接导线。

② 如图 3-12-1 所示，2 号线连接热继电器与停止按钮 SB2，具体接线实现见图 3-12-2 中的两处标注为 2 的连接导线。

③ 如图 3-12-1 所示，3 号线涉及停止按钮 SB2、启动按钮 SB1、接触器 KM 自锁触点，具体接线实现见图 3-12-2 中的三处标注为 3 的连接导线。

④ 如图 3-12-1 所示，4 号线连接旋钮开关 SA 与接触器自锁触点 KM，具体接线实现见图 3-12-2 中的两处标注为 4 的连接导线。

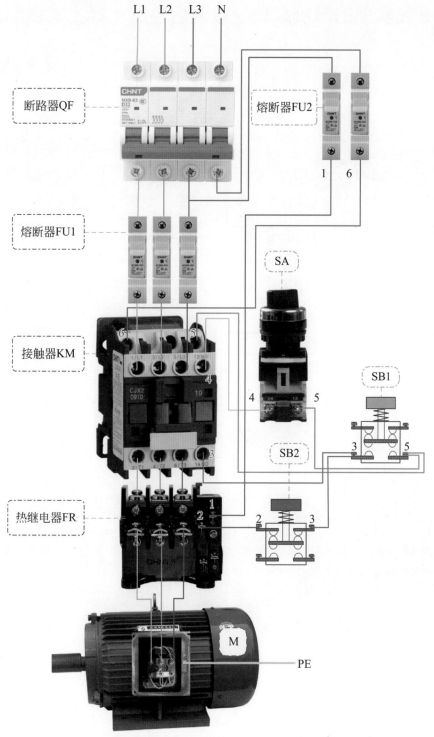

图3-12-2　电机点动连续混合控制（通过开关实现）实物接线图

⑤ 如图 3-12-1 所示，5 号线涉及启动按钮 SB1、接触器 KM 线圈、旋钮开关 SA，具体接线实现见图 3-12-2 中的三处标注为 5 的连接导线。

⑥ 如图 3-12-1 所示，6 号线连接接触器 KM 线圈、熔断器 FU2，具体接线实现见图 3-12-2 中的两处标注为 6 的连接导线。

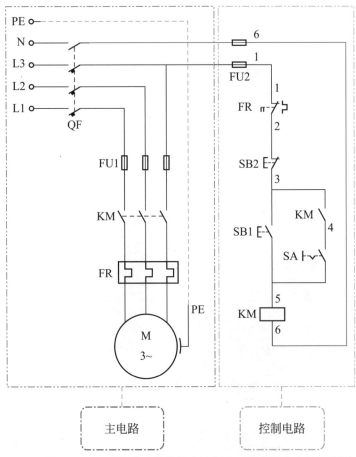

图3-13-1　电机点动连续混合控制（开关实现）电路原理图

主电路接线说明：

同前述电路，此处不再赘述。

控制电路接线：

① 如图 3-13-1 所示，连接熔断器 FU2 与热继电器 FR 的常闭触点标注为 1 的线我们称为 1 号线，具体接线实现见图 3-13-2 中的两处标注为 1 的连接导线。

② 如图 3-13-1 所示，2 号线连接热继电器与停止按钮 SB2，具体接线实现见图 3-13-2，热继电器常闭触点到端子排的硬线（铝塑线或者铜塑线等）和按钮出来的多芯软线经端子排相连。

③ 如图 3-13-1 所示，3 号线涉及停止按钮 SB2、启动按钮 SB1、接触器 KM 自锁触点，具体接线实现见图 3-13-2，接触器自锁触点到端子排的硬线和按钮出来的多芯软线经端子排相连。

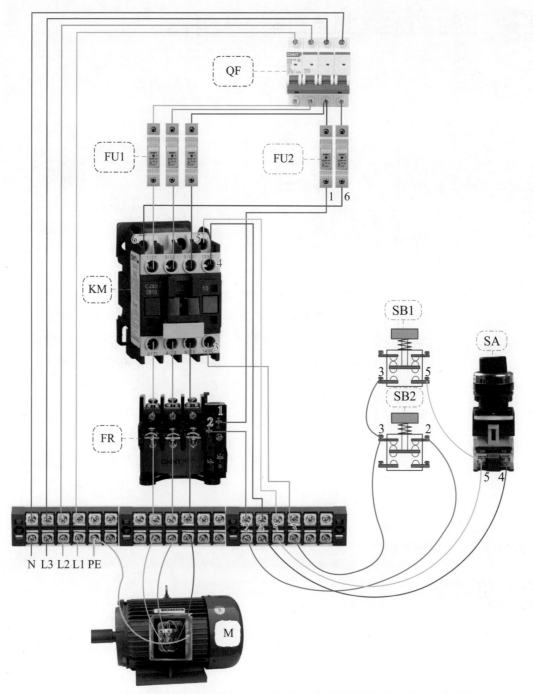

图3-13-2　电机点动连续混合控制（开关实现）实物接线图（板上明线配盘模式）

④ 如图 3-13-1 所示，4 号线涉及开关按钮 SA、接触器自锁触点，具体接线实现见图 3-13-2，接触器自锁触点到端子排的硬线和 SA 出来的多芯软线经端子排相连。

⑤ 如图 3-13-1 所示，5 号线涉及开关按钮 SA、启动按钮 SB1、接触器 KM 线圈，具体接线实现见图 3-13-2，接触器 KM 线圈到端子排的硬线和按钮及开关 SA 出来的多芯软线经端子排相连。

⑥ 如图 3-13-1 所示，6 号线连接接触器 KM 线圈、熔断器 FU2，具体接线实现见图 3-13-2 中的两处标注为 6 的连接导线。

14. 按钮实现的电机点动连续混合控制

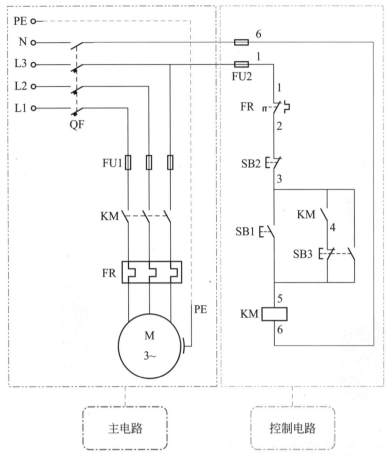

图3-14-1 电机点动连续混合控制（按钮实现）电路原理图

图 3-14-1 原理：

合上电源开关 QF。

（1）点动

按下按钮 SB3，SB3 的常闭触点先断开自锁电路，再闭合常开触点，电机 M 启动运行，当松开按钮 SB3 时，其常开触点先断开，电机停止运行，常闭触点再闭合，电机保持停止状态。

（2）连续

若需要电机连续运行，由于常开触点 KM 串联 SB3 的常闭触点构成自锁环节，故按下按钮 SB1 即可使电机连续运行，按下停止按钮 SB2 电机停止运行。

主电路接线说明：

同前述连续控制电路接线图，此处不再赘述。

控制电路接线：

① 如图 3-14-1 所示，连接熔断器 FU2 与热继电器 FR 的常闭触点标注为 1 的线我们称为 1 号线，具体接线实现见图 3-14-2 中的两处标注为 1 的连接导线。

② 如图 3-14-1 所示，2 号线连接热继电器与停止按钮 SB2，具体接线实现见图 3-14-2 中的两处标注为 2 的连接导线。

③ 如图 3-14-1 所示，3 号线涉及停止按钮 SB2、启动按钮 SB1、点动按钮 SB3、接触器 KM 自锁触点，具体接线实现见图 3-14-2 中的四处标注为 3 的连接导线。

④ 如图 3-14-1 所示，4 号线连接点动按钮常闭触点与接触器自锁触点 KM，具体接线实现见图 3-14-2 中的两处标注为 4 的连接导线。

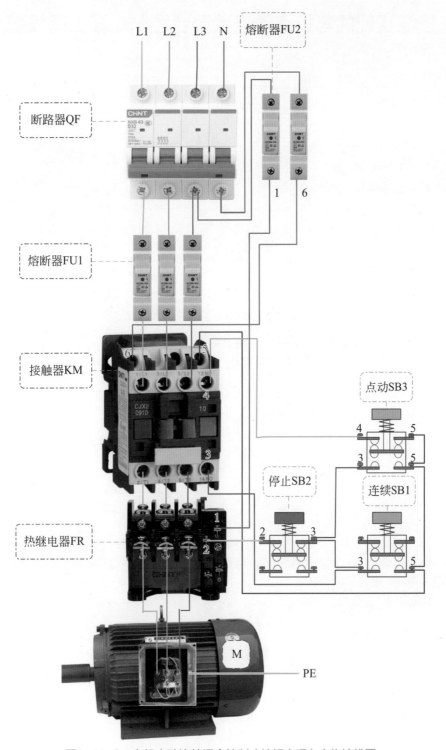

图3-14-2 电机点动连续混合控制（按钮实现）实物接线图

⑤ 如图 3-14-1 所示，5 号线涉及启动按钮 SB1、点动按钮 SB3、接触器 KM 线圈，具体接线实现见图 3-14-2 中的四处标注为 5 的连接导线。

⑥ 如图 3-14-1 所示，6 号线连接接触器 KM 线圈、熔断器 FU2，具体接线实现见图 3-14-2 中的两处标注为 6 的连接导线。

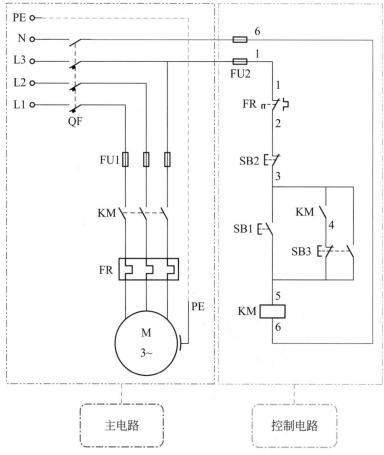

图3-15-1 电机点动连续混合控制（按钮实现）电路原理图

主电路接线说明：

同前述电路，此处不再赘述。

控制电路接线：

① 如图 3-15-1 所示，连接熔断器 FU2 与热继电器 FR 的常闭触点标注为 1 的线我们称为 1 号线，具体接线实现见图 3-15-2 中的两处标注为 1 的连接导线。

② 如图 3-15-1 所示，2 号线连接热继电器与停止按钮 SB2，具体接线实现见图 3-15-2，热继电器常闭触点到端子排的硬线（铝塑线或者铜塑线等）和按钮出来的多芯软线经端子排相连。

③ 如图 3-15-1 所示，3 号线涉及停止按钮 SB2、启动按钮 SB1、点动按钮 SB3、接触器 KM 自锁触点，具体接线实现见图 3-15-2，接触器自锁触点到端子排的硬线和按钮出来的多芯软线经端子排相连。

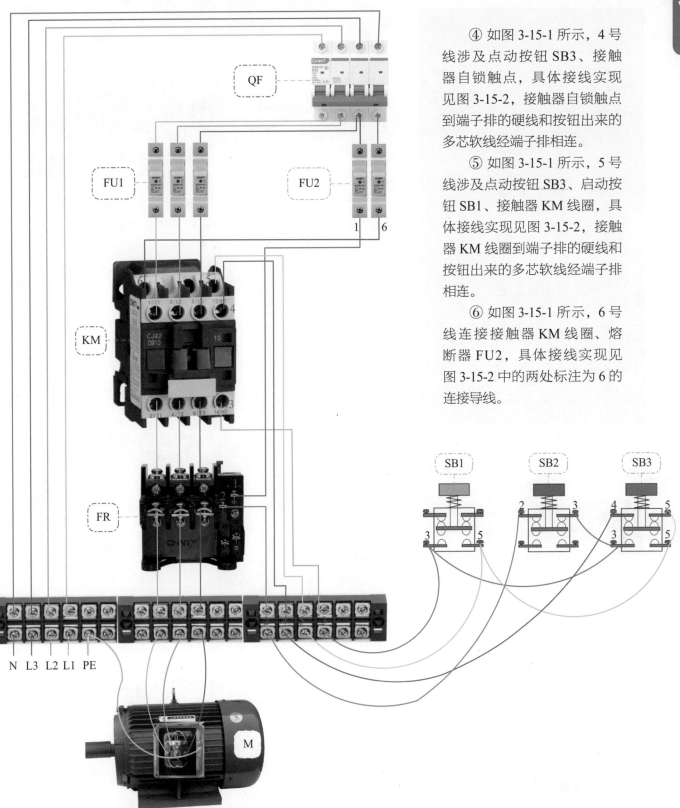

④ 如图 3-15-1 所示，4 号线涉及点动按钮 SB3、接触器自锁触点，具体接线实现见图 3-15-2，接触器自锁触点到端子排的硬线和按钮出来的多芯软线经端子排相连。

⑤ 如图 3-15-1 所示，5 号线涉及点动按钮 SB3、启动按钮 SB1、接触器 KM 线圈，具体接线实现见图 3-15-2，接触器 KM 线圈到端子排的硬线和按钮出来的多芯软线经端子排相连。

⑥ 如图 3-15-1 所示，6 号线连接接触器 KM 线圈、熔断器 FU2，具体接线实现见图 3-15-2 中的两处标注为 6 的连接导线。

图3-15-2　电机点动连续混合控制（按钮实现）实物接线图（板上明线配盘模式）

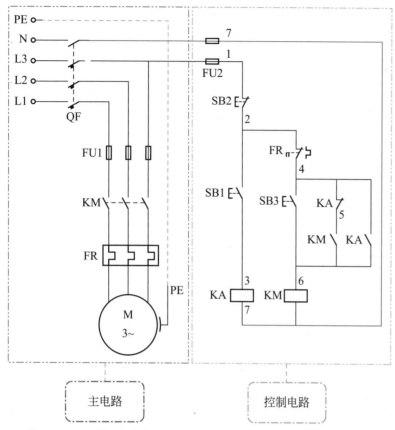

图3-16-1 原理：

合上电源开关 QF。

（1）点动

按下按钮 SB1，线圈 KA 得电，常闭触点 KA 断开，辅助常开触点 KM 线路被断开，相当于将自锁环节破坏。常开触点 KA 闭合，电机 M 启动运行，当松开按钮 SB1 时，电机停止运行。

（2）连续

若需要电机连续运行，由于常开触点 KM 串联 KA 的常闭触点构成自锁环节，故按下按钮 SB3 即可使电机连续运行，按下停止按钮 SB2 电机停止运行。

图3-16-1 电机点动连续混合控制（中间继电器实现）电路原理图

主电路接线说明：

同前述连续控制电路接线图，此处不再赘述。

控制电路接线：

① 如图 3-16-1 所示，连接熔断器 FU2 与停止按钮 SB2 常闭触点标注为 1 的线我们称为 1 号线，具体接线实现见图 3-16-2 中的两处标注为 1 的连接导线。

② 如图 3-16-1 所示，2 号线涉及停止按钮 SB2、点动按钮 SB1、热继电器 FR，具体接线实现见图 3-16-2 中的三处标注为 2 的连接导线。

③ 如图 3-16-1 所示，3 号线连接点动按钮 SB1 与中间继电器 KA 的线圈，具体接线实现见图 3-16-2 中的两处标注为 3 的连接导线。

④ 如图 3-16-1 所示，4 号线涉及热继电器 FR 常闭触点、连续按钮 SB3、中间继电器 KA 的常开（NO）和常闭（NC）接点，具体接线实现见图 3-16-2 中的四处标注为 4 的连接导线。

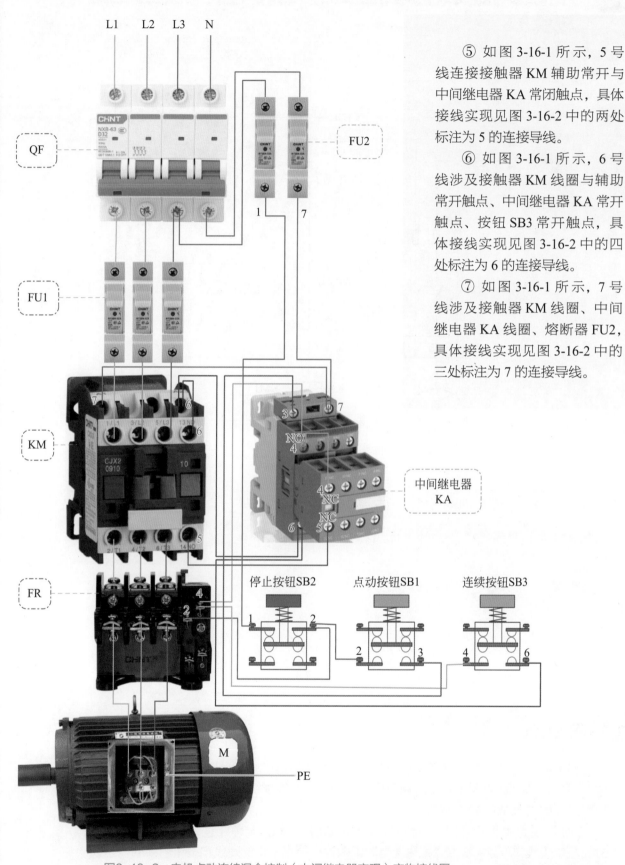

⑤ 如图 3-16-1 所示，5 号线连接接触器 KM 辅助常开与中间继电器 KA 常闭触点，具体接线实现见图 3-16-2 中的两处标注为 5 的连接导线。

⑥ 如图 3-16-1 所示，6 号线涉及接触器 KM 线圈与辅助常开触点、中间继电器 KA 常开触点、按钮 SB3 常开触点，具体接线实现见图 3-16-2 中的四处标注为 6 的连接导线。

⑦ 如图 3-16-1 所示，7 号线涉及接触器 KM 线圈、中间继电器 KA 线圈、熔断器 FU2，具体接线实现见图 3-16-2 中的三处标注为 7 的连接导线。

图3-16-2　电机点动连续混合控制（中间继电器实现）实物接线图

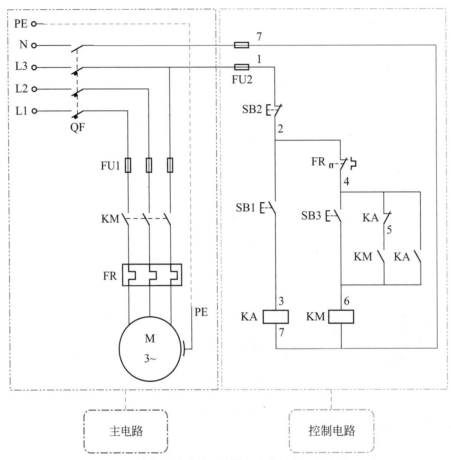

图3-17-1 电机点动连续混合控制（中继实现）电路原理图

主电路接线说明：

同前述电路，此处不再赘述。

控制电路接线：

① 如图 3-17-1 所示，连接熔断器 FU2 与停止按钮常闭触点标注为 1 的线我们称为 1 号线，具体接线实现见图 3-17-2，熔断器 FU2 到端子排的硬线（铝塑线或者铜塑线等）和按钮出来的多芯软线经端子排相连。

② 如图 3-17-1 所示，2 号线涉及热继电器 FR 常闭触点与停止按钮 SB2、点动按钮 SB1，具体接线实现见图 3-17-2，热继电器常闭触点到端子排的硬线和按钮出来的多芯软线经端子排相连。

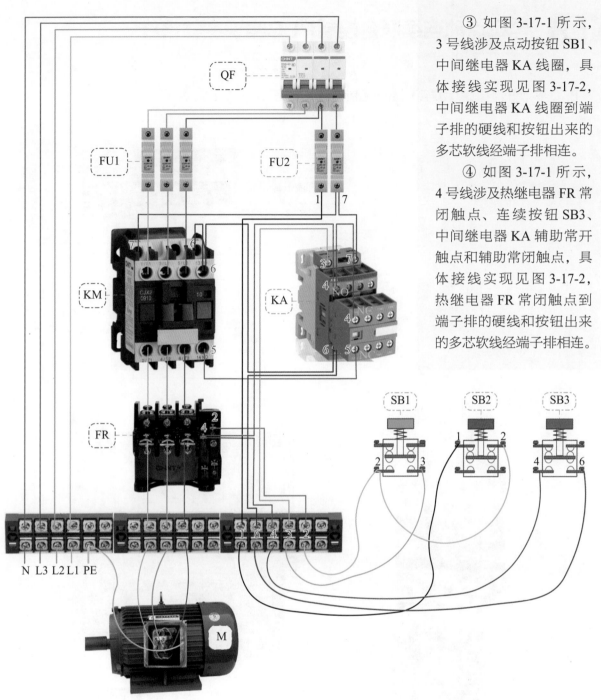

③ 如图 3-17-1 所示，3 号线涉及点动按钮 SB1、中间继电器 KA 线圈，具体接线实现见图 3-17-2，中间继电器 KA 线圈到端子排的硬线和按钮出来的多芯软线经端子排相连。

④ 如图 3-17-1 所示，4 号线涉及热继电器 FR 常闭触点、连续按钮 SB3、中间继电器 KA 辅助常开触点和辅助常闭触点，具体接线实现见图 3-17-2，热继电器 FR 常闭触点到端子排的硬线和按钮出来的多芯软线经端子排相连。

图3-17-2　电机点动连续混合控制（中继实现）实物接线图（板上明线配盘模式）

⑤ 如图 3-17-1 所示，5 号线涉及 KA 常闭触点和接触器 KM 常开辅助触点，具体接线实现见图 3-17-2 中两处标注为 5 的连接导线。

⑥ 如图 3-17-1 所示，6 号线涉及接触器 KM 线圈及常开辅助触点、连续按钮 SB3、中间继电器 KA 常开辅助触点，具体接线实现见图 3-17-2，中间继电器到端子排的硬线和按钮出来的软线经端子排相连。

⑦ 如图 3-17-1 所示，7 号线涉及熔断器 FU2 与接触器 KM 线圈、中间继电器 KA 线圈，具体接线实现见图 3-17-2 中三处标注为 7 的连接导线。

PLC 实现的电机点动连续混合控制实物接线图如图 3-18-1 所示。

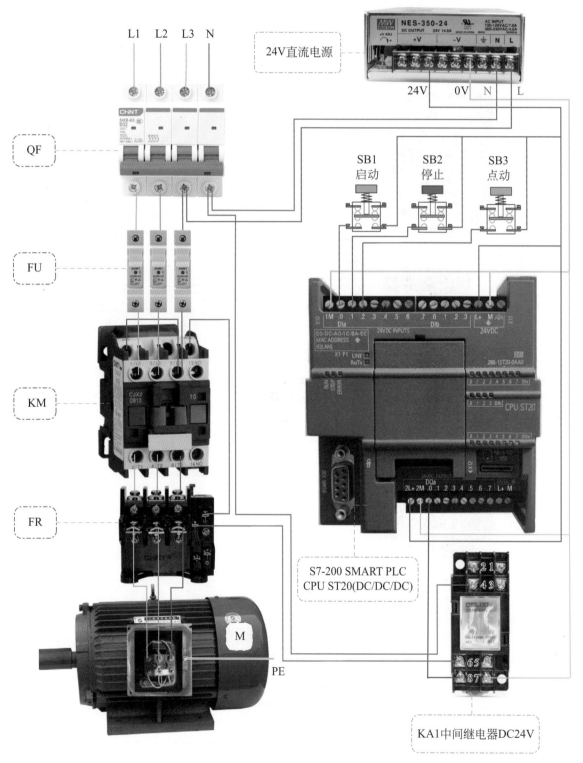

图3-18-1 PLC实现的电机点动连续混合控制实物接线图

① PLC 电源接线：L+ 接直流电源 24V，M 接直流电源 0V；2L+ 接直流电源 24V，1M、2M 接直流电源 0V。

② PLC 输入端子接线：启动按钮 SB1 接 I0.0，停止按钮 SB2 接 I0.1，点动按钮 SB3 接 I0.2。

③ PLC 输出端子接线：Q0.0 接中间继电器 8 号端子（线圈正极）。

④ 中间继电器 KA1 接线：7 号端子（线圈负极）接直流电源 0V，6 号公共端接热继电器常闭触点 96 号端子，中间继电器 4 号常开触点接零线 N。

⑤ 按钮 SB1 ~ SB3 接线：均接常开触点，一端接直流电源 24V，另一端接 PLC 输入端。

PLC 实现的电机点动连续混合控制程序如图 3-18-2 所示。

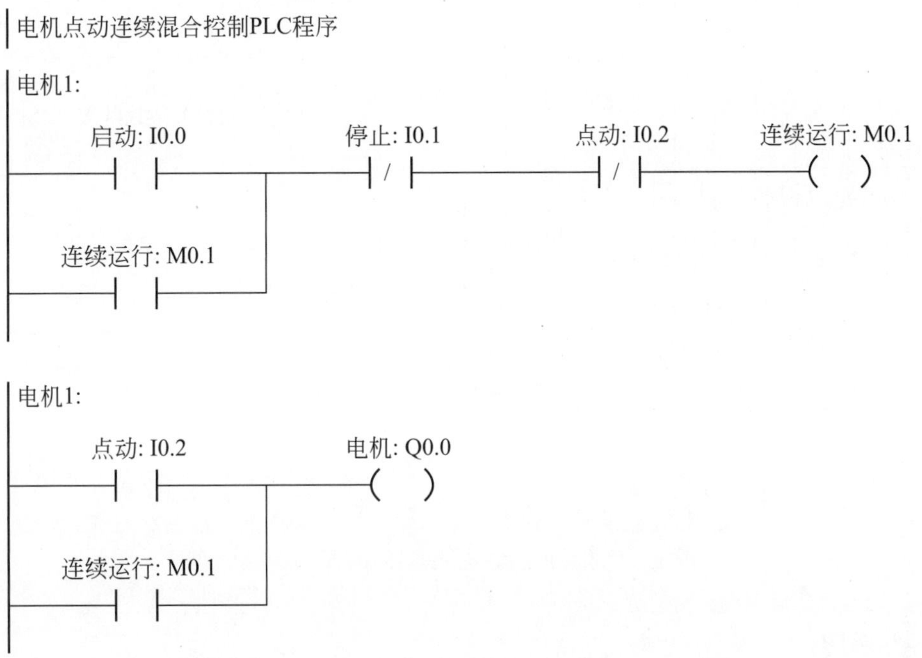

图3-18-2　PLC实现的电机点动连续混合控制程序

PLC实现的电机点动连续混合控制程序说明：

① 按下电机 M 的启动按钮 SB1，I0.0=ON，M0.1 得电并自锁，Q0.0 得电，中间继电器 KA1 线圈得电，KA1 常开触点闭合，接触器 KM 线圈得电，电机 M 启动连续运转。

② 按下电机 M 的停止按钮 SB2，I0.1=ON，M0.1 失电并解除自锁，M0.1 常开触点恢复断开，Q0.0 失电，中间继电器 KA1 线圈失电，KA1 常开触点断开，接触器 KM 线圈失电，电机 M 停转。

③ 按下电机 M 的点动按钮 SB3，I0.2=ON，M0.1 失电破坏连续的同时 Q0.0 得电，中间继电器 KA1 线圈得电，KA1 常开触点闭合，接触器 KM 线圈得电，电机 M 点动运行；松开点动按钮 SB3，I0.2=OFF，Q0.0 失电，中间继电器 KA1 线圈失电，KA1 常开触点断开，接触器 KM 线圈失电，电机 M 停止运行。

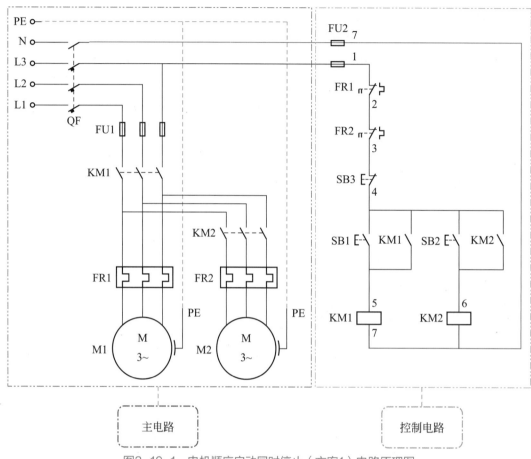

图3-19-1　电机顺序启动同时停止（方案1）电路原理图

图 3-19-1 原理：

　　电路中含有两台电机 M1 和 M2，从主电路来看，电机 M2 主电路的交流接触器 KM2 接在接触器 KM1 之后，只有 KM1 的主触点闭合后，KM2 才可能闭合，这样就保证了 M1 启动后，M2 才能启动的顺序控制要求。

主电路接线说明：

　　同前述控制电路接线图类似，需要注意的是电机 M2 主电路的交流接触器 KM2 接在接触器 KM1 之后。

控制电路接线：

　　① 如图 3-19-1 所示，连接熔断器 FU2 与热继电器 FR1 常闭触点标注为 1 的线我们称为 1 号线，具体接线实现见图 3-19-2 中的两处标注为 1 的连接导线。

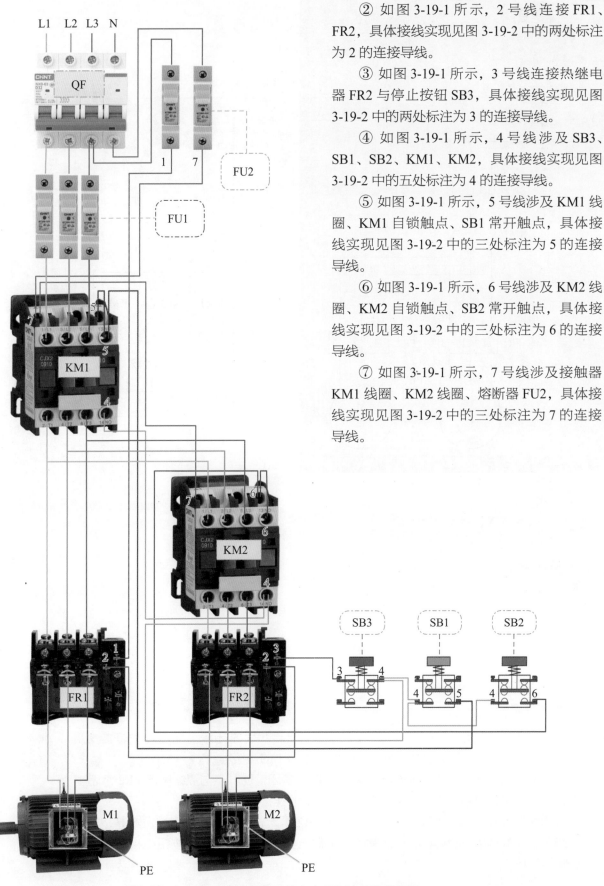

② 如图 3-19-1 所示，2 号线连接 FR1、FR2，具体接线实现见图 3-19-2 中的两处标注为 2 的连接导线。

③ 如图 3-19-1 所示，3 号线连接热继电器 FR2 与停止按钮 SB3，具体接线实现见图 3-19-2 中的两处标注为 3 的连接导线。

④ 如图 3-19-1 所示，4 号线涉及 SB3、SB1、SB2、KM1、KM2，具体接线实现见图 3-19-2 中的五处标注为 4 的连接导线。

⑤ 如图 3-19-1 所示，5 号线涉及 KM1 线圈、KM1 自锁触点、SB1 常开触点，具体接线实现见图 3-19-2 中的三处标注为 5 的连接导线。

⑥ 如图 3-19-1 所示，6 号线涉及 KM2 线圈、KM2 自锁触点、SB2 常开触点，具体接线实现见图 3-19-2 中的三处标注为 6 的连接导线。

⑦ 如图 3-19-1 所示，7 号线涉及接触器 KM1 线圈、KM2 线圈、熔断器 FU2，具体接线实现见图 3-19-2 中的三处标注为 7 的连接导线。

图3-19-2　电机顺序启动同时停止（方案1）实物接线图

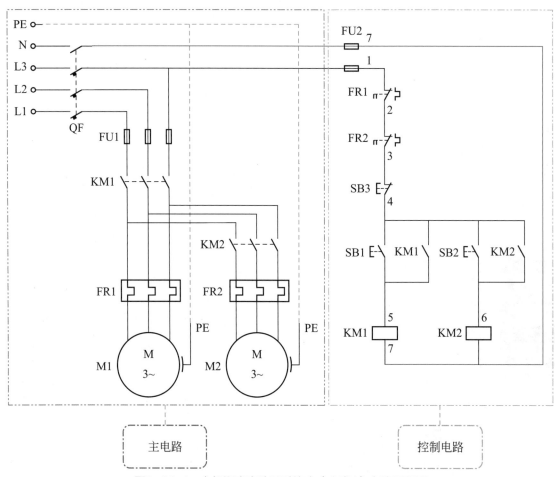

图3-20-1 电机顺序启动同时停止（方案1）电路原理图

主电路接线说明：

同前述电路，此处不再赘述。

控制电路接线：

① 如图 3-20-1 所示，连接熔断器 FU2 与热继电器 FR1 常闭触点标注为 1 的线我们称为 1 号线，具体接线实现见图 3-20-2 中两处标注为 1 的连接导线。

② 如图 3-20-1 所示，2 号线涉及热继电器 FR1 常闭辅助触点与热继电器 FR2 常闭辅助触点，具体接线实现见图 3-20-2 中两处标注为 2 的连接导线。

③ 如图 3-20-1 所示，3 号线涉及热继电器 FR2 常闭辅助触点、停止按钮 SB3，具体接线实现见图 3-20-2，热继电器 FR2 常闭辅助触点到端子排的硬线和按钮出来的多芯软线经端子排相连。

④ 如图 3-20-1 所示，4 号线涉及停止按钮 SB3、启动按钮 SB1、启动按钮 SB2、接触器 KM1 常开辅助触点、接触器 KM2 常开辅助触点，具体接线实现见图 3-20-2，接触器到端子排的硬线和按钮出来的多芯软线经端子排相连。

⑤ 如图 3-20-1 所示，5 号线涉及启动按钮 SB1 和接触器 KM1 常开辅助触点、接触器 KM1 线圈，具体接线实现见图 3-20-2，接触器到端子排的硬线和按钮出来的多芯软线经端子排相连。

⑥ 如图 3-20-1 所示，6 号线涉及启动按钮 SB2 和接触器 KM2 常开辅助触点、接触器 KM2 线圈，具体接线实现见图 3-20-2，接触器到端子排的硬线和按钮出来的多芯软线经端子排相连。

⑦ 如图 3-20-1 所示，7 号线涉及熔断器 FU2 与接触器 KM1 线圈、接触器 KM2 线圈，具体接线实现见图 3-20-2 中三处标注为 7 的连接导线。

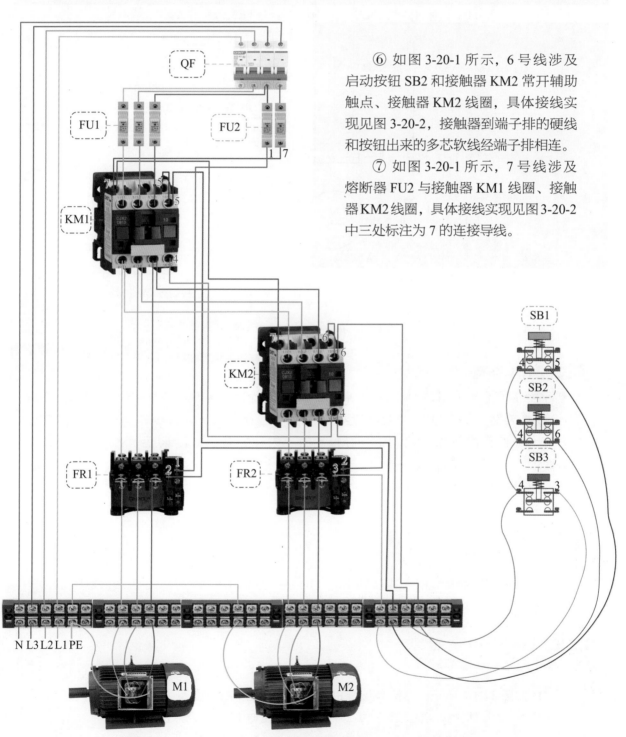

图3-20-2　电机顺序启动同时停止方案1接线图（板上明线配盘模式）

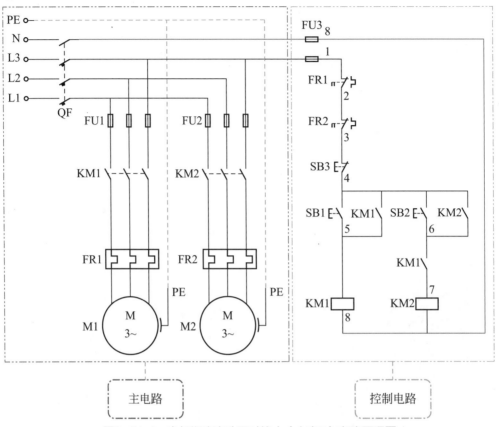

图3-21-1　电机顺序启动同时停止（方案2）电路原理图

如图 3-21-1 所示：

　　电路中含有两台电机 M1 和 M2，从控制电路来看，交流接触器 KM1 辅助常开触点串接在接触器 KM2 线圈支路中，只有电机 M1 启动（也就是 KM1 线圈得电）、KM1（6-7）闭合后，按下启动按钮 SB2，KM2 线圈才可能得电，即电机 M2 启动，这样就保证了 M1 启动后，M2 才能启动的顺序控制要求。从控制电路看，任一台电机过载（FR1 或 FR2 动作）均会使 KM1、KM2 线圈失电，进而使两台电机 M1 和 M2 全部停止工作。

主电路接线说明：

　　同前述控制电路接线图类似，FU1-KM1-FR1-M1 与 FU2-KM2-FR2-M2 主电路接线类似。

控制电路接线：

　　① 如图 3-21-1 所示，连接熔断器 FU3 与热继电器 FR1 常闭触点标注为 1 的线我们称为 1 号线，具体接线实现见图 3-21-2 中的两处标注为 1 的连接导线。

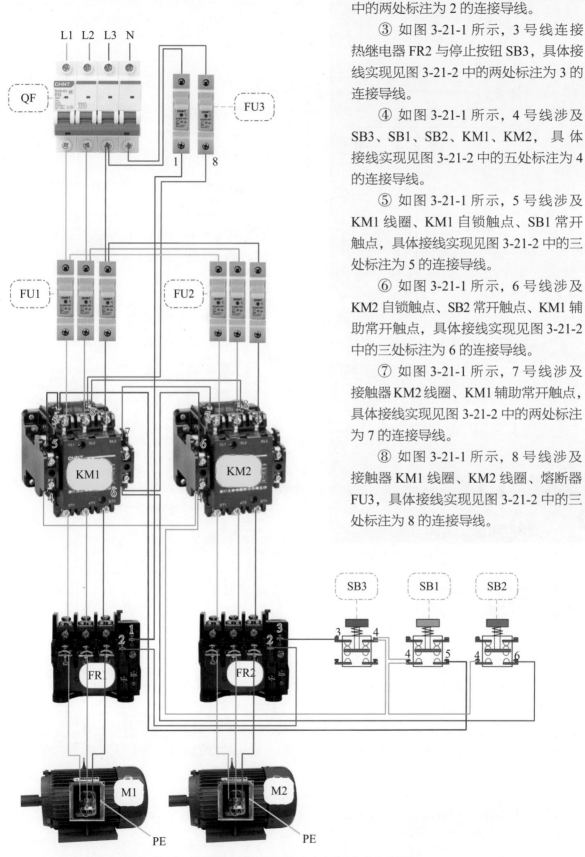

② 如图 3-21-1 所示，2 号线连接 FR1、FR2，具体接线实现见图 3-21-2 中的两处标注为 2 的连接导线。

③ 如图 3-21-1 所示，3 号线连接热继电器 FR2 与停止按钮 SB3，具体接线实现见图 3-21-2 中的两处标注为 3 的连接导线。

④ 如图 3-21-1 所示，4 号线涉及 SB3、SB1、SB2、KM1、KM2，具体接线实现见图 3-21-2 中的五处标注为 4 的连接导线。

⑤ 如图 3-21-1 所示，5 号线涉及 KM1 线圈、KM1 自锁触点、SB1 常开触点，具体接线实现见图 3-21-2 中的三处标注为 5 的连接导线。

⑥ 如图 3-21-1 所示，6 号线涉及 KM2 自锁触点、SB2 常开触点、KM1 辅助常开触点，具体接线实现见图 3-21-2 中的三处标注为 6 的连接导线。

⑦ 如图 3-21-1 所示，7 号线涉及接触器 KM2 线圈、KM1 辅助常开触点，具体接线实现见图 3-21-2 中的两处标注为 7 的连接导线。

⑧ 如图 3-21-1 所示，8 号线涉及接触器 KM1 线圈、KM2 线圈、熔断器 FU3，具体接线实现见图 3-21-2 中的三处标注为 8 的连接导线。

图3-21-2　电机顺序启动同时停止（方案2）实物接线图

091

电机顺序启动同时停止实物接线方案2（板上明线配盘模式）

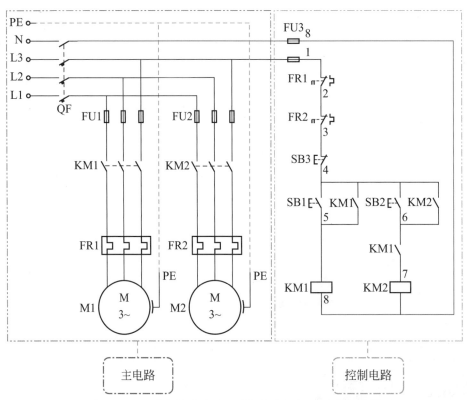

图3-22-1　电机顺序启动同时停止（方案2）电路原理图

主电路接线说明：

同前述电路，此处不再赘述。

控制电路接线：

① 如图 3-22-1 所示，连接熔断器 FU3 与热继电器 FR1 常闭触点标注为 1 的线我们称为 1 号线，具体接线实现见图 3-22-2 中两处标注为 1 的连接导线。

② 如图 3-22-1 所示，2 号线涉及热继电器 FR1 常闭辅助触点与热继电器 FR2 常闭辅助触点，具体接线实现见图 3-22-2 中两处标注为 2 的连接导线。

③ 如图 3-22-1 所示，3 号线涉及热继电器 FR2 常闭辅助触点、停止按钮 SB3，具体接线实现见图 3-22-2，热继电器 FR2 常闭辅助触点到端子排的硬线和按钮出来的多芯软线经端子排相连。

④ 如图 3-22-1 所示，4 号线涉及停止按钮 SB3、启动按钮 SB1、启动按钮 SB2、接触器 KM1 常开辅助触点、接触器 KM2 常开辅助触点，具体接线实现见图 3-22-2，接触器到端子排的硬线和按钮出来的多芯软线经端子排相连。

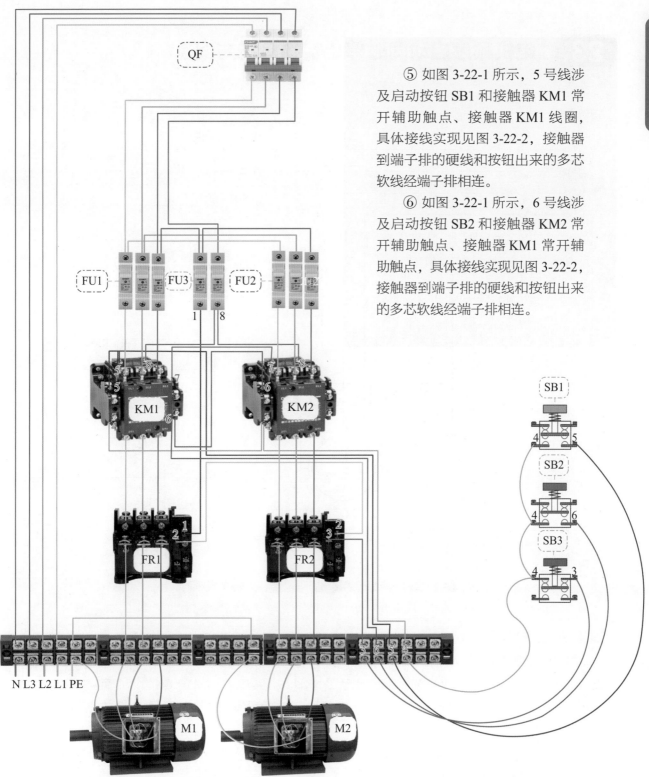

⑤ 如图 3-22-1 所示，5 号线涉及启动按钮 SB1 和接触器 KM1 常开辅助触点、接触器 KM1 线圈，具体接线实现见图 3-22-2，接触器到端子排的硬线和按钮出来的多芯软线经端子排相连。

⑥ 如图 3-22-1 所示，6 号线涉及启动按钮 SB2 和接触器 KM2 常开辅助触点、接触器 KM1 常开辅助触点，具体接线实现见图 3-22-2，接触器到端子排的硬线和按钮出来的多芯软线经端子排相连。

图3-22-2　电机顺序启动同时停止（方案2）实物接线图（板上明线配盘模式）

⑦ 如图 3-22-1 所示，7 号线涉及接触器 KM1 常开辅助触点与接触器 KM2 线圈，具体接线实现见图 3-22-2 中两处标注为 7 的连接导线。

⑧ 如图 3-22-1 所示，8 号线涉及熔断器 FU3 与接触器 KM1 线圈、接触器 KM2 线圈，具体接线实现见图 3-22-2 中三处标注为 8 的连接导线。

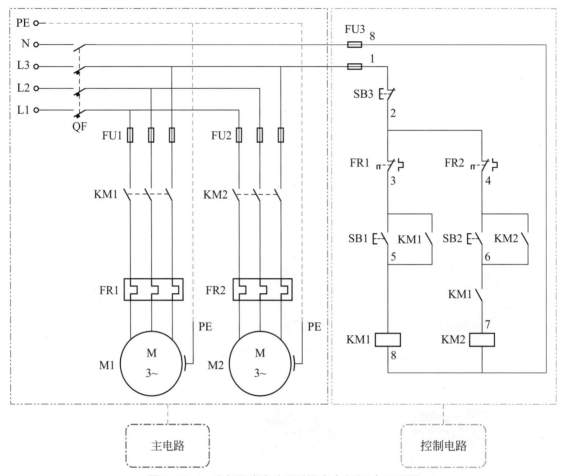

图3-23-1　电机顺序启动同时停止（方案3）原理图

如图 3-23-1 所示：

电路中含有两台电机 M1 和 M2，从控制电路来看，交流接触器 KM1 辅助常开触点串接在接触器 KM2 线圈支路中，只有电机 M1 启动（也就是 KM1 线圈得电）、KM1（6-7）闭合后，按下启动按钮 SB2，KM2 线圈才可能得电，即电机 M2 启动，这样就保证了 M1 启动后，M2 才能启动的顺序控制要求。从控制电路看，电机 M2 过载，FR2 动作，会使 KM2 线圈失电，进而电机 M2 停止工作。电机 M1 过载，FR1 动作，会使 KM1 线圈失电，致使 KM1（6-7）断开，从而使得 KM2 线圈失电，最终 M1、M2 均停止工作。

主电路接线说明：

同前述控制电路接线图类似，FU1-KM1-FR1-M1 与 FU2-KM2-FR2-M2 主电路接线类似。

控制电路接线：

① 如图 3-23-1 所示，连接熔断器 FU3 与 SB3 常闭触点标注为 1 的线我们称为 1 号线，具体接线实现见图 3-23-2 中的两处标注为 1 的连接导线。

② 如图 3-23-1 所示，2 号线涉及 SB3、FR1、FR2，具体接线实现见图 3-23-2 中的三处标注为 2 的连接导线。

③ 如图 3-23-1 所示，3 号线涉及 FR1、SB1、KM1 自锁触点，具体接线实现见图 3-23-2 中的三处标注为 3 的连接导线。

④ 如图 3-23-1 所示，4 号线涉及 FR2、SB2、KM2 自锁触点，具体接线实现见图 3-23-2 中的三处标注为 4 的连接导线。

⑤ 如图 3-23-1 所示，5 号线涉及 KM1 线圈、KM1 自锁触点、SB1 常开触点，具体接线实现见图 3-23-2 中的三处标注为 5 的连接导线。

⑥ 如图 3-23-1 所示，6 号线涉及 KM2 自锁触点、SB2 常开触点、KM1 辅助常开触点，具体接线实现见图 3-23-2 中的三处标注为 6 的连接导线。

⑦ 如图 3-23-1 所示，7 号线涉及接触器 KM2 线圈、KM1 辅助常开触点，具体接线实现见图 3-23-2 中的两处标注为 7 的连接导线。

⑧ 如图 3-23-1 所示，8 号线涉及接触器 KM1 线圈、KM2 线圈、熔断器 FU3，具体接线实现见图 3-23-2 中的三处标注为 8 的连接导线。

⑨ 为使实物接线图简化，图 3-23-2 中的电源取自 L1 和 N 之间的相电压。

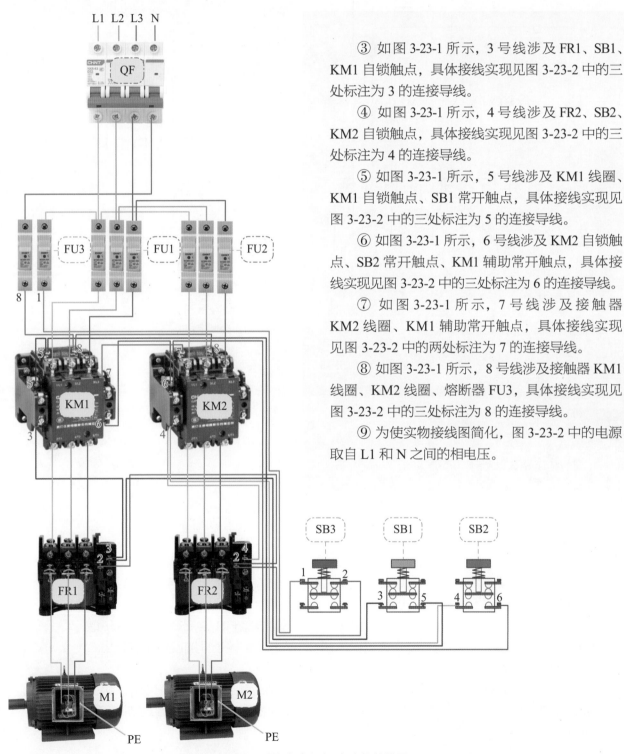

图3-23-2　电机顺序启动同时停止（方案3）实物接线图

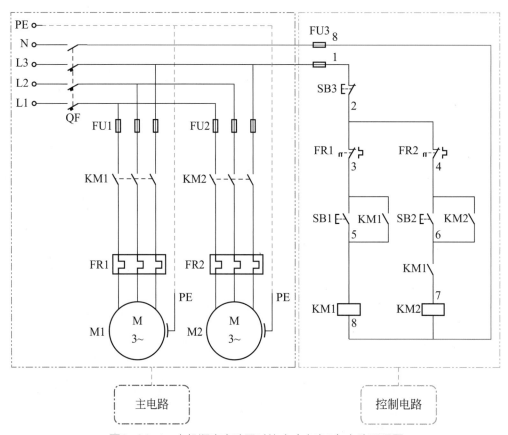

图3-24-1　电机顺序启动同时停止（方案3）电路原理图

主电路接线说明：

同前述电路，此处不再赘述。

控制电路接线：

① 如图 3-24-1 所示，1号线涉及熔断器 FU3、停止按钮 SB3，具体接线实现见图 3-24-2，熔断器到端子排的硬线和按钮出来的多芯软线经端子排相连。

② 如图 3-24-1 所示，2号线涉及停止按钮 SB3、热继电器 FR1 常闭辅助触点、热继电器 FR2 常闭辅助触点，具体接线实现见图 3-24-2，熔断器到端子排的硬线和按钮出来的多芯软线经端子排相连。

③ 如图 3-24-1 所示，3号线涉及热继电器 FR1 常闭辅助触点、启动按钮 SB1、接触器 KM1 常开辅助触点，具体接线实现见图 3-24-2，热继电器 FR1 常闭辅助触点到端子排的硬线和按钮出来的多芯软线经端子排相连。

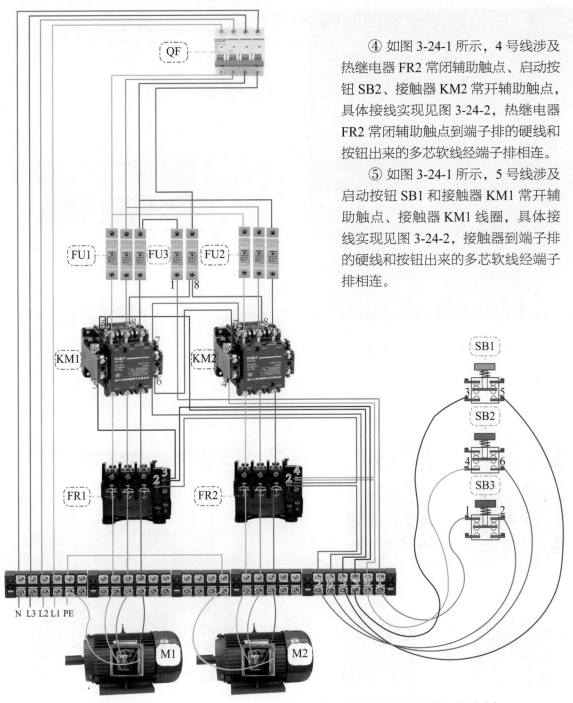

④ 如图 3-24-1 所示，4 号线涉及热继电器 FR2 常闭辅助触点、启动按钮 SB2、接触器 KM2 常开辅助触点，具体接线实现见图 3-24-2，热继电器 FR2 常闭辅助触点到端子排的硬线和按钮出来的多芯软线经端子排相连。

⑤ 如图 3-24-1 所示，5 号线涉及启动按钮 SB1 和接触器 KM1 常开辅助触点、接触器 KM1 线圈，具体接线实现见图 3-24-2，接触器到端子排的硬线和按钮出来的多芯软线经端子排相连。

图3-24-2　电机顺序启动同时停止（方案3）实物接线图（板上明线配盘模式）

⑥ 如图 3-24-1 所示，6 号线涉及启动按钮 SB2 和接触器 KM2 常开辅助触点、接触器 KM1 常开辅助触点，具体接线实现见图 3-24-2，接触器到端子排的硬线和按钮出来的多芯软线经端子排相连。

⑦ 如图 3-24-1 所示，7 号线涉及接触器 KM1 常开辅助触点与接触器 KM2 线圈，具体接线实现见图 3-24-2 中两处标注为 7 的连接导线。

⑧ 如图 3-24-1 所示，8 号线涉及熔断器 FU3 与接触器 KM1 线圈、接触器 KM2 线圈，具体接线实现见图 3-24-2 中三处标注为 8 的连接导线。

097

PLC 实现的电机顺序启动同时停止实物接线图如图 3-25-1 所示。

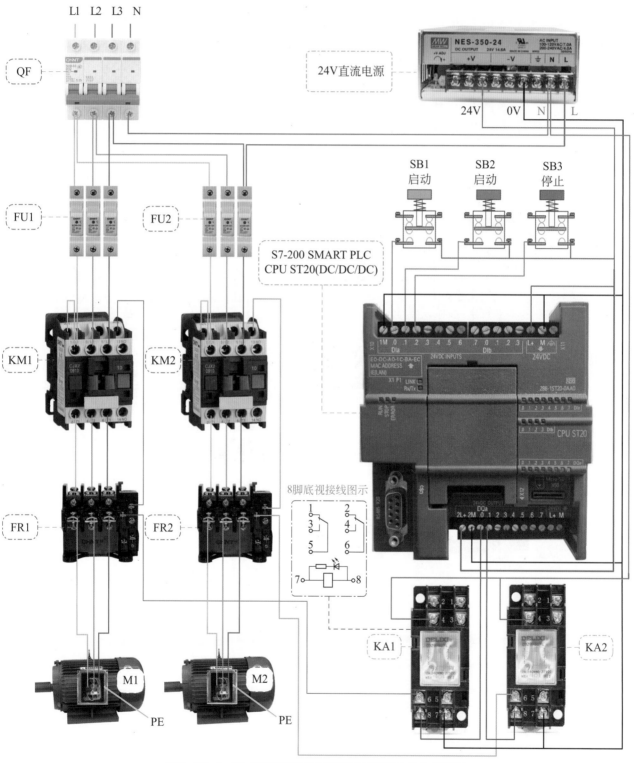

图3-25-1 PLC实现的电机顺序启动同时停止实物接线图

① PLC 电源接线：L+ 接直流电源 24V，M 接直流电源 0V；2L+ 接直流电源 24V，1M、2M 接直流电源 0V。

② PLC 输入端子接线：电机 M1 启动按钮 SB1 接 I0.0，电机 M2 启动按钮 SB2 接 I0.1，停止按钮 SB3 接 I0.2。

③ PLC 输出端子接线：Q0.0 接中间继电器 KA1 的 8 号端子（线圈正极），Q0.1 接中间继电器 KA2 的 8 号端子（线圈正极）。

④ 中间继电器 KA1 接线：7 号端子（线圈负极）接直流电源 0V，6 号公共端接热继电器 FR1 的常闭触点 96 号端子，中间继电器 4 号常开触点接零线 N。

⑤ 中间继电器 KA2 接线：7 号端子（线圈负极）接直流电源 0V，6 号公共端接热继电器 FR2 的常闭触点 96 号端子，中间继电器 4 号常开触点接零线 N。

⑥ 按钮 SB1 ~ SB3 接线：均接常开触点，一端接直流电源 24V，另一端接 PLC 输入端。

PLC 实现的电机顺序启动同时停止程序如图 3-25-2 所示。

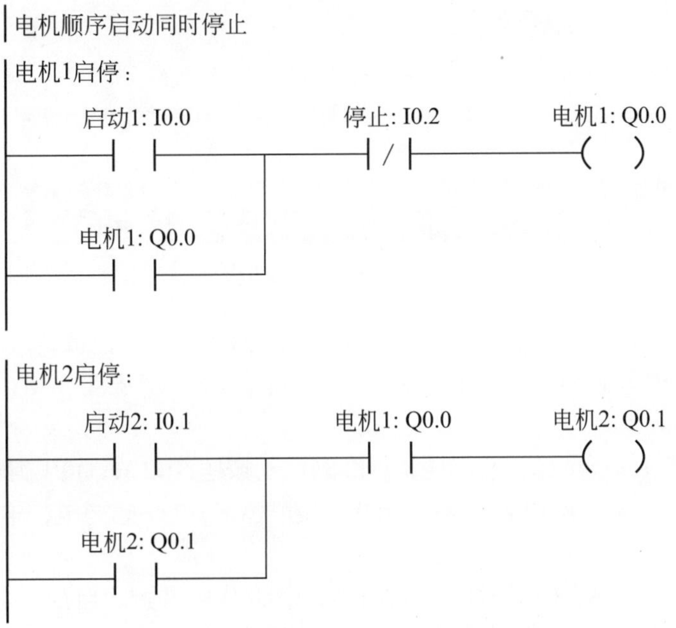

图3-25-2　PLC实现的电机顺序启动同时停止程序

PLC实现的电机顺序启动同时停止程序说明：

顺序启动：

① 按下电机 M1 的启动按钮 SB1，I0.0=ON，Q0.0 得电并自锁，中间继电器 KA1 线圈得电，KA1 常开触点闭合，接触器 KM1 线圈得电，电机 M1 启动连续运转。

② 按下电机 M2 的启动按钮 SB2，I0.1=ON，Q0.1 得电并自锁，中间继电器 KA2 线圈得电，KA2 常开触点闭合，接触器 KM2 线圈得电，电机 M2 启动连续运转。

同时停止： 按下停止按钮 SB3，I0.2=ON，Q0.0 失电并解除自锁，Q0.1 失电并解除自锁，中间继电器 KA1 和 KA2 线圈失电，KA1 和 KA2 常开触点恢复断开，接触器 KM1 和 KM2 线圈失电，电机 M1 和 M2 均停转。

PLC 实现的时间控制的电机顺序启动同时停止程序 1 如图 3-25-3 所示。

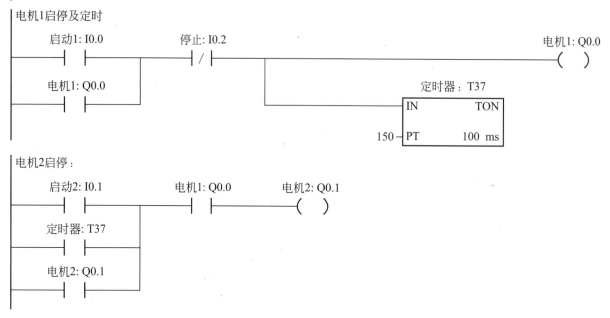

图3-25-3　PLC实现的时间控制的电机顺序启动同时停止程序1

PLC实现的时间控制的电机顺序启动同时停止程序1说明：

顺序启动：

① 按下电机 M1 的启动按钮 SB1，I0.0=ON，Q0.0 得电并自锁，同时定时器 T37 开始计时，中间继电器 KA1 线圈得电，KA1 常开触点闭合，接触器 KM1 线圈得电，电机 M1 启动连续运转。

② 定时时间 15s 到（或者按下电机 M2 的启动按钮 SB2），Q0.1 得电并自锁，中间继电器 KA2 线圈得电，KA2 常开触点闭合，接触器 KM2 线圈得电，电机 M2 启动连续运转。

同时停止：按下停止按钮 SB3，I0.2=ON，Q0.0 失电并解除自锁，定时器 T37 复位，Q0.1 失电并解除自锁，中间继电器 KA1 和 KA2 线圈失电，KA1 和 KA2 常开触点恢复断开，接触器 KM1 和 KM2 线圈失电，电机 M1 和 M2 均停转。

PLC 实现的时间控制的电机顺序启动同时停止程序 2 如图 3-25-4 所示。

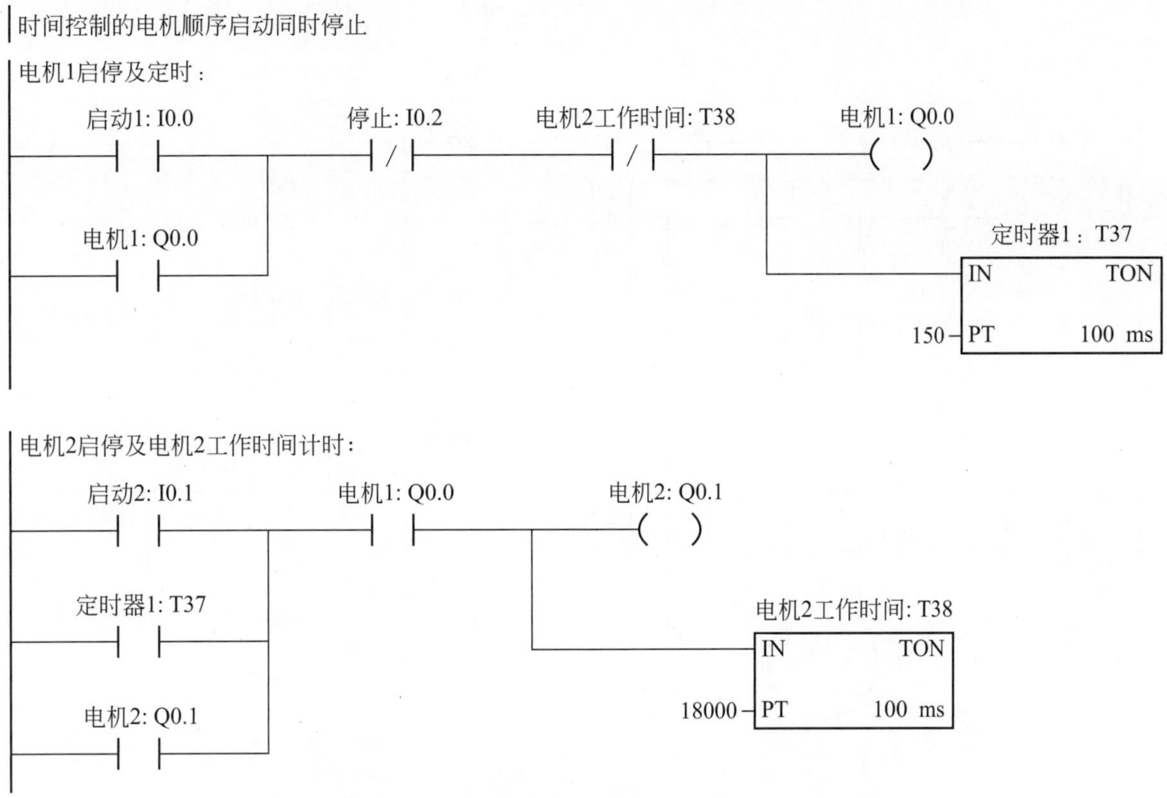

时间控制的电机顺序启动同时停止

电机1启停及定时：

电机2启停及电机2工作时间计时：

图3-25-4　PLC实现的时间控制的电机顺序启动同时停止程序2

PLC实现的时间控制的电机顺序启动同时停止程序2说明：

顺序启动：

① 按下电机 M1 的启动按钮 SB1，I0.0=ON，Q0.0 得电并自锁，同时定时器 T37 开始计时，中间继电器 KA1 线圈得电，KA1 常开触点闭合，接触器 KM1 线圈得电，电机 M1 启动连续运转。

② 定时时间 15s 到（或者时间未到 15s 时按下电机 M2 的启动按钮 SB2），Q0.1 得电并自锁，定时器 T38 开始计时，中间继电器 KA2 线圈得电，KA2 常开触点闭合，接触器 KM2 线圈得电，电机 M2 启动连续运转。

同时停止： 电机 2 工作时间 T38 定时时间（此处设定时间为 1800s，也就是 30min）到，或者电机 2 工作时间 T38 定时时间还未到时直接按下停止按钮 SB3，Q0.0 失电并解除自锁，定时器 T37 复位，Q0.1 失电并解除自锁，中间继电器 KA1 和 KA2 线圈失电，KA1 和 KA2 常开触点恢复断开，接触器 KM1 和 KM2 线圈失电，电机 M1 和 M2 均停转。

此程序是根据电机 2 的工作时间来自动停止两台电机的，也可以在时间未到时随时停止两台电机。电机 1 和电机 2 的启动时间间隔（T37，15s）和电机 2 的工作时间（T38，1800s=30min）可根据实际需要通过程序进行更改。

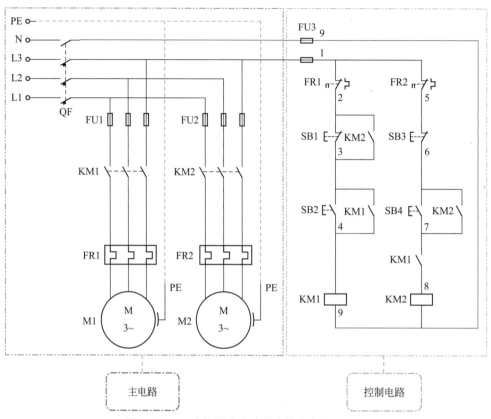

图3-26-1 电机顺序启动逆序停止电路原理图

如图 3-26-1 所示：

电路中含有两台电机 M1 和 M2，从控制电路来看，交流接触器 KM1 辅助常开触点串接在接触器 KM2 线圈支路中，只有电机 M1 启动也就是 KM1 线圈得电，此时 KM1（7-8）闭合后，按下启动按钮 SB4，KM2 线圈才可能得电，即电机 M2 启动，这样就保证了 M1 启动后，M2 才能启动的顺序控制要求。

由于辅助常开触点 KM2（2-3）并联在控制 M1 的停止按钮 SB1 两端，实现了逆序停止控制，也就是说当 KM2 线圈得电时（M2 工作时），SB1 被 KM2（2-3）短接，也就是按下 SB1 也不能使 M1 停下来。

当按下 M2 的停止按钮 SB3 时，接触器 KM2 线圈失电（M2 停止时），KM2（2-3）解除对 SB1 的短接，这时按下 SB1 就可以使 KM1 线圈失电，进而电机 M1 停转。

从控制电路看，电机 M2 过载，FR2 动作会使 KM2 线圈失电，进而电机 M2 停止工作。电机 M1 过载，FR1 动作会使 KM1 线圈失电，致使 KM1（7-8）断开，从而使得 KM2 线圈失电，最终 M1、M2 均停止工作。

主电路接线说明：

同前述控制电路接线图类似，FU1-KM1-FR1-M1 与 FU2-KM2-FR2-M2 主电路接线类似。

控制电路接线：

① 如图 3-26-1 所示，1 号线涉及 FU3、FR1、FR2，具体接线实现见图 3-26-2 中的三处标注为 1 的连接导线。

② 如图 3-26-1 所示，2 号线涉及 SB1、FR1、KM2 常开辅助触点，具体接线实现见图 3-26-2 中的三处标注为 2 的连接导线。

③ 如图 3-26-1 所示，3 号线涉及 SB1、SB2、KM1 自锁触点、KM2 常开辅助触点，具体接线实现见图 3-26-2 中的四处标注为 3 的连接导线。

④ 如图 3-26-1 所示，4 号线涉及 SB2、KM1 自锁触点、KM1 线圈，具体接线实现见图 3-26-2 中的三处标注为 4 的连接导线。

⑤ 如图 3-26-1 所示，5 号线涉及 FR2、SB3，具体接线实现见图 3-26-2 中的两处标注为 5 的连接导线。

⑥ 如图 3-26-1 所示，6 号线涉及 SB3、SB4、KM2 辅助常开触点，具体接线实现见图 3-26-2 中的三处标注为 6 的连接导线。

⑦ 如图 3-26-1 所示，7 号线涉及 SB4、KM2 自锁触点、KM1 辅助常开触点，具体接线实现见图 3-26-2 中的三处标注为 7 的连接导线。

⑧ 如图 3-26-1 所示，8 号线涉及 KM2 线圈、KM1 常开辅助触点，具体接线实现见图 3-26-2 中的两处标注为 8 的连接导线。

⑨ 如图 3-26-1 所示，9 号线涉及 KM1 线圈、KM2 线圈、FU3，具体接线实现见图 3-26-2 中的三处标注为 9 的连接导线。

⑩ 为接线方便，图 3-26-2 控制电路的电源取自 L1 与 N 之间的相电压。

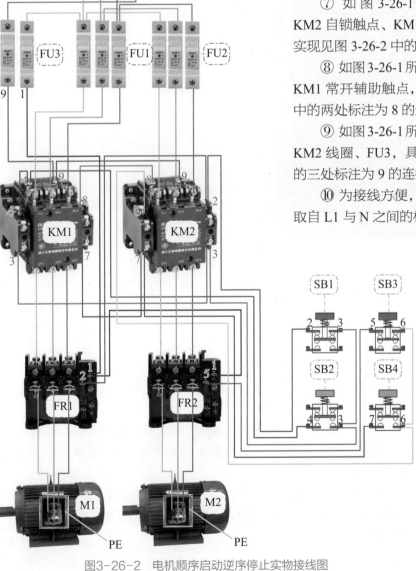

图3-26-2　电机顺序启动逆序停止实物接线图

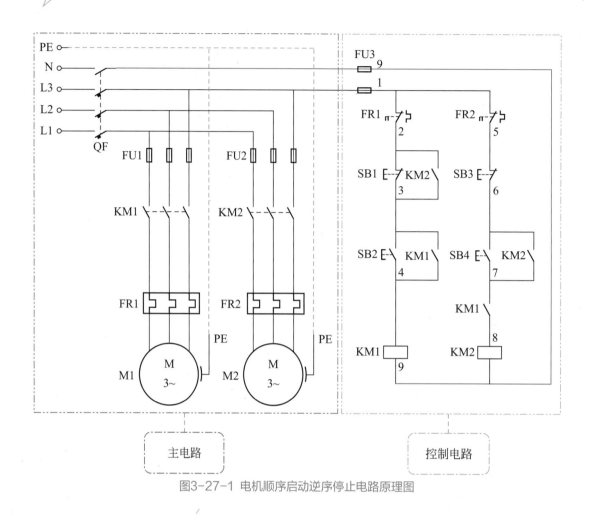

图3-27-1 电机顺序启动逆序停止电路原理图

主电路接线说明：

同前述电路，此处不再赘述。

控制电路接线：

① 如图 3-27-1 所示，1 号线涉及熔断器 FU3、热继电器 FR1 常闭辅助触点、热继电器 FR2 常闭辅助触点，具体接线实现见图 3-27-2 中三处标注为 1 的连接导线。

② 如图 3-27-1 所示，2 号线涉及热继电器 FR1 常闭辅助触点、停止按钮 SB1、接触器 KM2 常开辅助触点，具体接线实现见图 3-27-2，热继电器 FR1 到端子排的硬线和按钮出来的多芯软线经端子排相连。

③ 如图 3-27-1 所示，3 号线涉及停止按钮 SB1、接触器 KM2 常开辅助触点、启动按钮 SB2、接触器 KM1 常开辅助触点，具体接线实现见图 3-27-2，接触器到端子排的硬线和按钮出来的多芯软线经端子排相连。

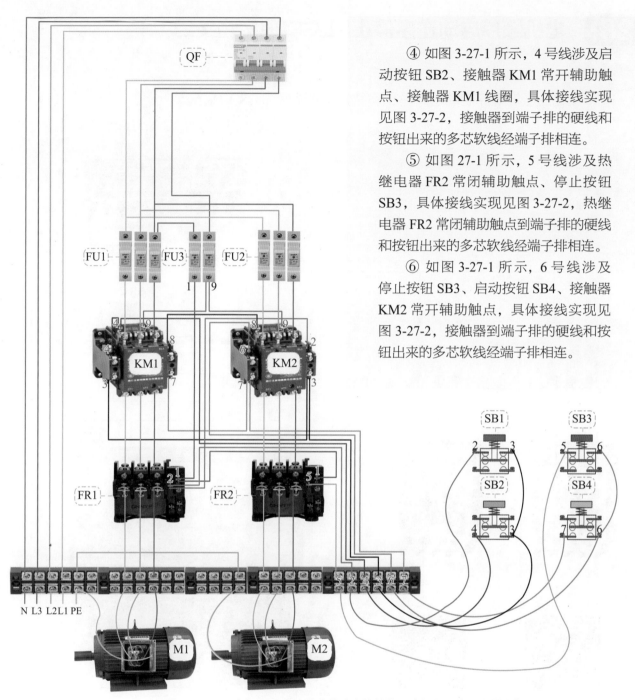

④ 如图 3-27-1 所示，4 号线涉及启动按钮 SB2、接触器 KM1 常开辅助触点、接触器 KM1 线圈，具体接线实现见图 3-27-2，接触器到端子排的硬线和按钮出来的多芯软线经端子排相连。

⑤ 如图 27-1 所示，5 号线涉及热继电器 FR2 常闭辅助触点、停止按钮 SB3，具体接线实现见图 3-27-2，热继电器 FR2 常闭辅助触点到端子排的硬线和按钮出来的多芯软线经端子排相连。

⑥ 如图 3-27-1 所示，6 号线涉及停止按钮 SB3、启动按钮 SB4、接触器 KM2 常开辅助触点，具体接线实现见图 3-27-2，接触器到端子排的硬线和按钮出来的多芯软线经端子排相连。

图3-27-2　电机顺序启动逆序停止实物接线图（板上明线配盘模式）

⑦ 如图 3-27-1 所示，7 号线涉及启动按钮 SB4、接触器 KM2 常开辅助触点、接触器 KM1 常开辅助触点，具体接线实现见图 3-27-2，接触器到端子排的硬线和按钮出来的多芯软线经端子排相连。

⑧ 如图 3-27-1 所示，8 号线涉及接触器 KM1 常开辅助触点、接触器 KM2 线圈，具体接线实现见图 3-27-2 中两处标注为 8 的连接导线。

⑨ 如图 3-27-1 所示，9 号线涉及熔断器 FU3 与接触器 KM1 线圈、接触器 KM2 线圈，具体接线实现见图 3-27-2 中三处标注为 9 的连接导线。

电机顺序启动逆序停止PLC实现实物接线

PLC 实现的电机顺序启动逆序停止实物接线图如图 3-28-1 所示。

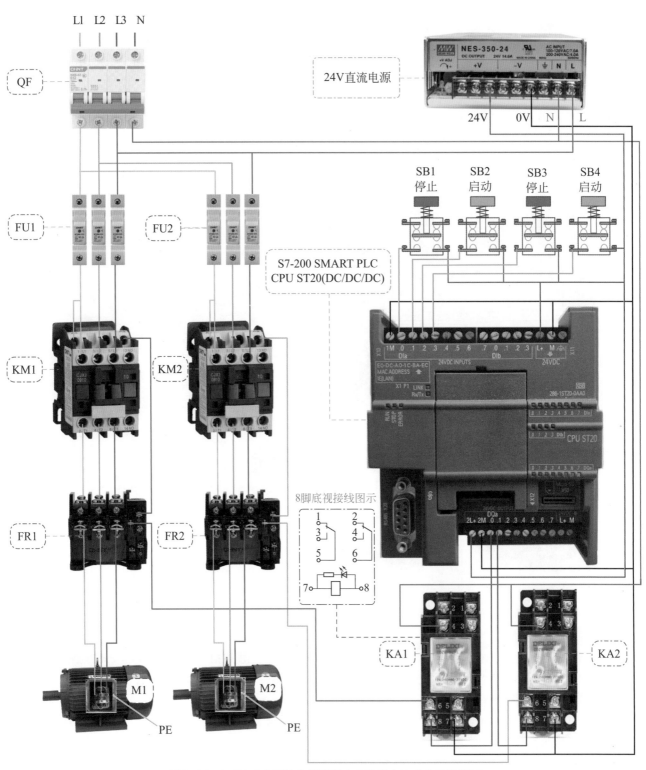

图3-28-1 PLC实现的电机的顺序启动逆序停止实物接线图

① PLC 电源接线：L+ 接直流电源 24V，M 接直流电源 0V；2L+ 接直流电源 24V，1M、2M 接直流电源 0V。

② PLC 输入端子接线：电机 M1 停止按钮 SB1 接 I0.0，电机 M1 启动按钮 SB2 接 I0.1，电机 M2 停止按钮 SB3 接 I0.2，电机 M1 启动按钮 SB4 接 I0.3。

③ PLC 输出端子接线：Q0.0 接中间继电器 KA1 的 8 号端子（线圈正极），Q0.1 接中间继电器 KA2 的 8 号端子（线圈正极）。

④ 中间继电器 KA1 接线：7 号端子（线圈负极）接直流电源 0V，6 号公共端接热继电器 FR1 的常闭触点 96 号端子，中间继电器 4 号常开触点接零线 N。

⑤ 中间继电器 KA2 接线：7 号端子（线圈负极）接直流电源 0V，6 号公共端接热继电器 FR2 的常闭触点 96 号端子，中间继电器 4 号常开触点接零线 N。

⑥ 按钮 SB1 ～ SB4 接线：均接常开触点，一端接直流电源 24V，另一端接 PLC 输入端。

PLC 实现的电机的顺序启动逆序停止程序如图 3-28-2 所示。

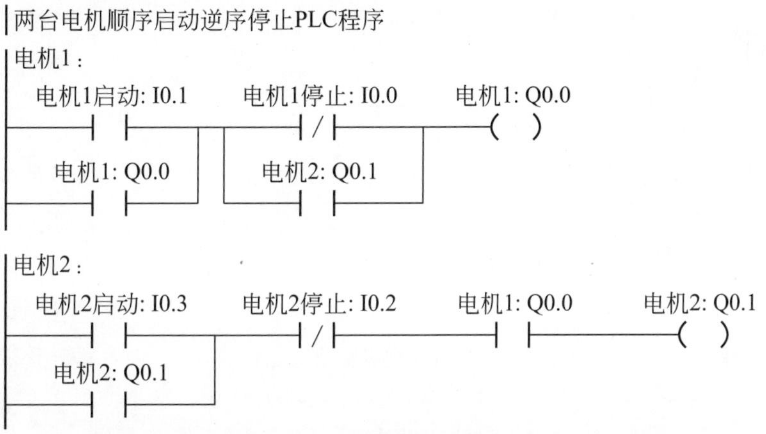

图3-28-2　PLC实现的电机的顺序启动逆序停止程序

PLC实现的电机顺序启动逆序停止程序说明：

顺序启动：

① 按下电机 M1 的启动按钮 SB2，I0.1=ON，Q0.0 得电并自锁，中间继电器 KA1 线圈得电，KA1 常开触点闭合，接触器 KM1 线圈得电，电机 M1 启动连续运转。

② 按下电机 M2 的启动按钮 SB4，I0.3=ON，Q0.1 得电并自锁，中间继电器 KA2 线圈得电，KA2 常开触点闭合，接触器 KM2 线圈得电，电机 M2 启动连续运转。

逆序停止：

① 按下电机 M2 的停止按钮 SB3，I0.2=ON，Q0.1 失电并解除自锁，中间继电器 KA2 线圈失电，KA2 常开触点恢复断开，接触器 KM2 线圈失电，电机 M2 停转。

② 按下电机 M1 的停止按钮 SB1，I0.0=ON，Q0.0 失电并解除自锁，中间继电器 KA1 线圈失电，KA1 常开触点恢复断开，接触器 KM1 线圈失电，电机 M1 停转。

关于电机过载热继电器动作情况的硬件接线及 PLC 程序的改进请参考电机连续控制的 PLC 实现改进方案进行处理，此处不再展开。

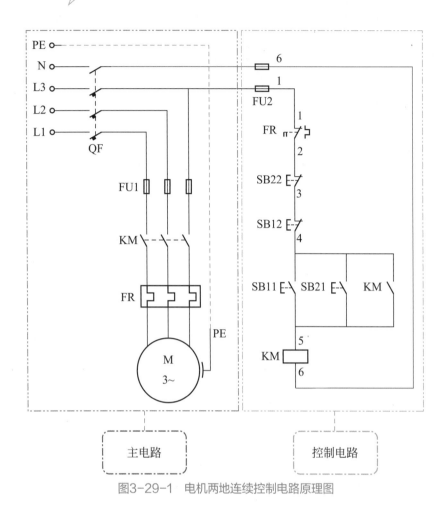

图3-29-1 电机两地连续控制电路原理图

图 3-29-1 原理:

合上电源开关 QF。

（1）启动

按下甲地启动按钮 SB21 或者乙地启动按钮 SB11，使其常开触点闭合，线圈 KM 得电，接触器主触点 KM 闭合，电机接通电源启动运转；同时辅助常开触点 KM 闭合，实现自锁。

（2）停止

按下甲地停止按钮 SB22 或者乙地停止按钮 SB12，使其常闭触头断开，线圈 KM 失电，接触器主触点 KM 断开，电机停止运转；同时辅助常开触点 KM 恢复断开，解除自锁。

主电路接线说明：

同电机连续控制线路，此处不再赘述。

控制电路接线：

① 如图 3-29-1 所示，连接熔断器 FU2 与热继电器 FR 的常闭触点标注为 1 的线我们称为 1 号线，具体接线实现见图 3-29-2 中的两处标注为 1 的连接导线。

② 如图 3-29-1 所示，2 号线涉及 FR 与 SB22，具体接线实现见图 3-29-2 中的两处标注为 2 的连接导线。

③ 如图 3-29-1 所示，3 号线涉及 SB22、SB12，具体接线实现见图 3-29-2 中的两处标注为 3 的连接导线。

④ 如图 3-29-1 所示，4 号线涉及 SB12、SB11、SB21、接触器 KM 自锁触点，具体接线实现见图 3-29-2 中的四处标注为 4 的连接导线。

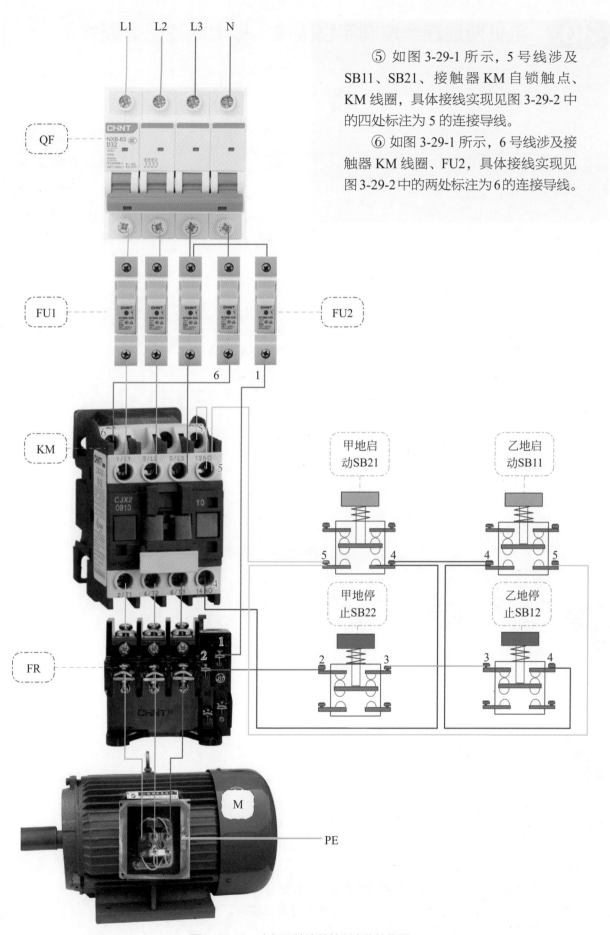

⑤ 如图 3-29-1 所示，5 号线涉及 SB11、SB21、接触器 KM 自锁触点、KM 线圈，具体接线实现见图 3-29-2 中的四处标注为 5 的连接导线。

⑥ 如图 3-29-1 所示，6 号线涉及接触器 KM 线圈、FU2，具体接线实现见图 3-29-2 中的两处标注为 6 的连接导线。

图3-29-2　电机两地连续控制实物接线图

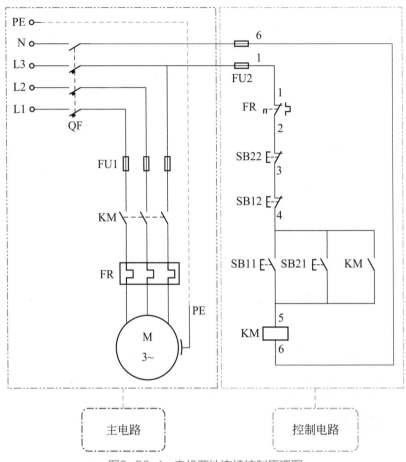

图3-30-1 电机两地连续控制原理图

主电路接线说明：

同前述电路，此处不再赘述。

控制电路接线：

① 如图 3-30-1 所示，连接熔断器 FU2 与热继电器 FR 的常闭触点标注为 1 的线我们称为 1 号线，具体接线实现见图 3-30-2 中的两处标注为 1 的连接导线。

② 如图 3-30-1 所示，2 号线连接热继电器与停止按钮 SB22，具体接线实现见图 3-30-2，热继电器常闭触点到端子排的硬线（铝塑线或者铜塑线等）和按钮出来的多芯软线经端子排相连。

③ 如图 3-30-1 所示，3 号线涉及甲地停止按钮 SB12、乙地停止按钮 SB22，具体接线实现见图 3-30-2，甲地和乙地停止按钮经多芯软线相连。

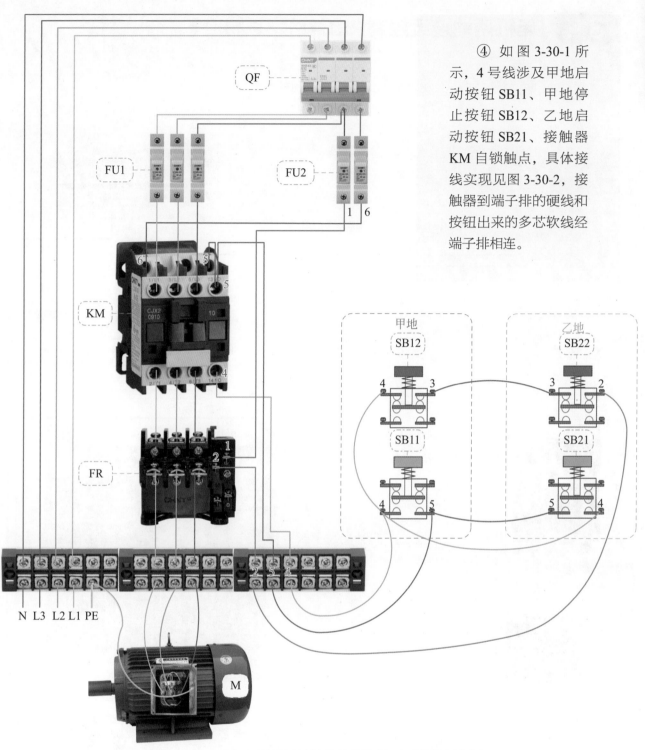

④ 如图 3-30-1 所示，4 号线涉及甲地启动按钮 SB11、甲地停止按钮 SB12、乙地启动按钮 SB21、接触器 KM 自锁触点，具体接线实现见图 3-30-2，接触器到端子排的硬线和按钮出来的多芯软线经端子排相连。

图3-30-2 电机两地连续控制实物接线图（板上明线配盘模式）

⑤ 如图 3-30-1 所示，5 号线涉及甲地启动按钮 SB11、乙地启动按钮 SB21、接触器 KM 线圈及自锁触点，具体接线实现见图 3-30-2，接触器自锁触点到端子排的硬线和按钮出来的多芯软线经端子排相连。

⑥ 如图 3-30-1 所示，6 号线连接接触器 KM 线圈、熔断器 FU2，具体接线实现见图 3-30-2 中的两处标注为 6 的连接导线。

31. 电机两地连续控制PLC实现实物接线

PLC 实现的电机两地连续控制实物接线图如图 3-31-1 所示。

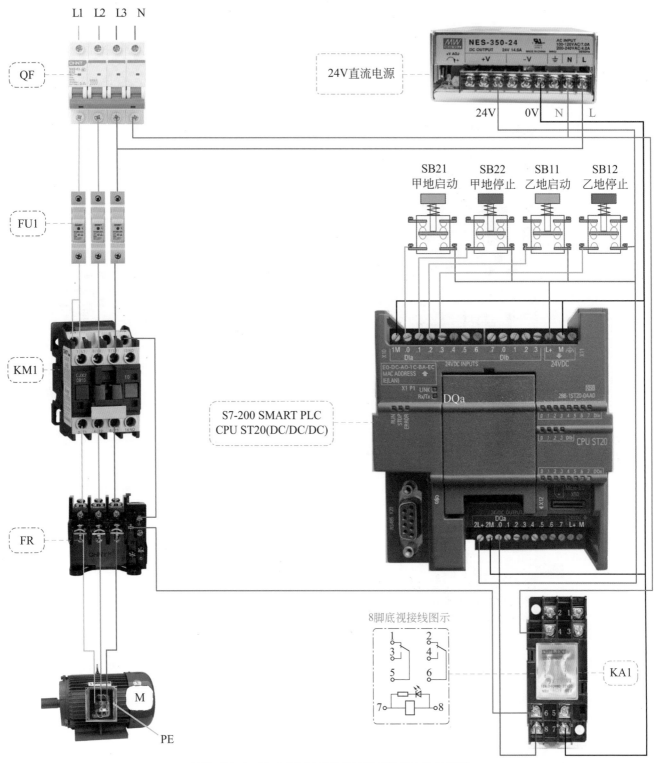

图3-31-1　PLC实现的电机两地连续控制实物接线图

① PLC 电源接线：L+ 接直流电源 24V，M 接直流电源 0V；2L+ 接直流电源 24V，1M、2M 接直流电源 0V。

② PLC 输入端子接线：电机甲地启动按钮 SB21 接 I0.0，甲地停止按钮 SB22 接 I0.1，乙地启动按钮 SB11 接 I0.2，乙地停止按钮 SB12 接 I0.3。

③ PLC 输出端子接线：Q0.0 接中间继电器 KA1 的 8 号端子（线圈正极）。

④ 中间继电器 KA1 接线：7 号端子（线圈负极）接直流电源 0V，6 号公共端接热继电器 FR 的常闭触点 96 号端子，中间继电器 4 号常开触点接零线 N。

⑤ 按钮 SB21、SB22、SB11、SB12 接线：均接常开触点，一端接直流电源 24V，另一端接 PLC 输入端。

PLC 实现的电机两地连续控制程序如图 3-31-2 所示。

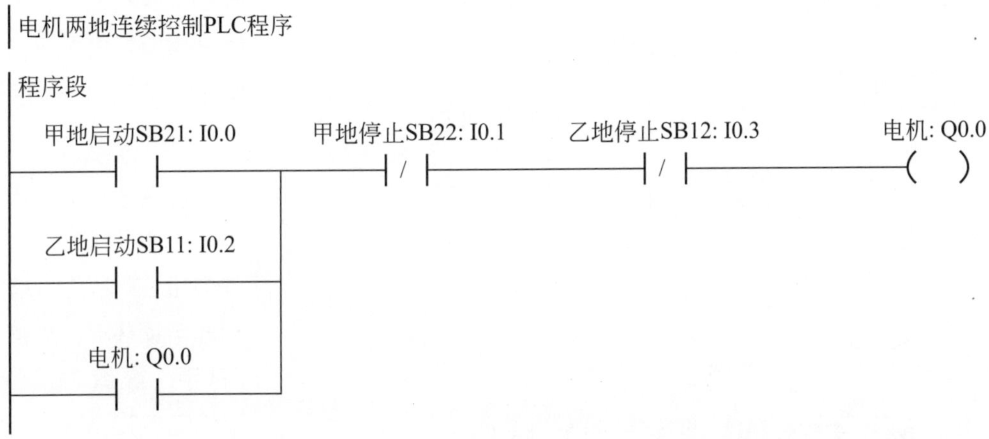

电机两地连续控制PLC程序

程序段

图3-31-2　PLC实现的电机两地连续控制程序

PLC实现的电机两地连续控制程序说明：

① 按下电机 M 的甲地启动按钮 SB21，I0.0=ON，Q0.0 得电并自锁，中间继电器 KA1 线圈得电，KA1 常开触点闭合，接触器 KM 线圈得电，电机 M 启动连续运转。

② 按下电机 M 的甲地停止按钮 SB22，I0.1=ON，Q0.0 失电并解除自锁，中间继电器 KA1 线圈失电，KA1 常开触点断开，接触器 KM 线圈失电，电机 M 停转。

③ 按下电机 M 的乙地启动按钮 SB11，I0.2=ON，Q0.0 得电并自锁，中间继电器 KA1 线圈得电，KA1 常开触点闭合，接触器 KM 线圈得电，电机 M 启动连续运转。

④ 按下电机 M 的乙地停止按钮 SB12，I0.3=ON，Q0.0 失电并解除自锁，中间继电器 KA1 线圈失电，KA1 常开触点断开，接触器 KM 线圈失电，电机 M 停转。

电机过载问题请参考电机连续控制的 PLC 实现方案所述。

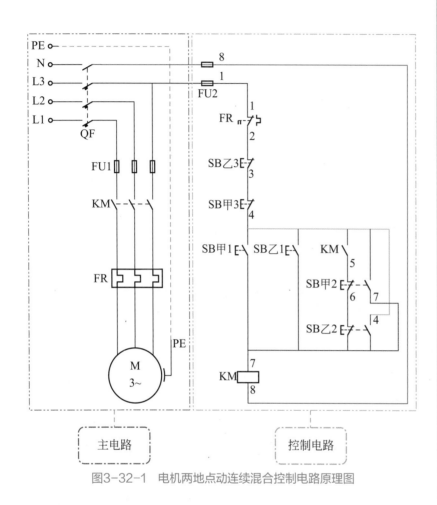

图3-32-1 电机两地点动连续混合控制电路原理图

图3-32-1原理:

合上电源开关 QF。

(1)点动

按下按钮 SB 甲 2,其常闭触点先断开自锁电路,再闭合常开触点,电机 M 启动运行,当松开按钮 SB 甲 2时,其常开触点先断开,电机停止运行,常闭触点再闭合,电机保持停止状态。按下 SB 乙 2 时同按下 SB 甲 2 类似,也可以实现电机 M 的点动控制,不再赘述。

(2)连续

若需要电机连续运行,由于常开触点 KM 串联 SB 甲 2 和 SB 乙 2 的常闭触点构成自锁环节,故按下按钮 SB 甲 1 或者 SB 乙 1 均可以使电机 M 连续运行,按下停止按钮 SB 甲 3 或者 SB 乙 3 均可使电机停止运行。

主电路接线说明:

同前述连续控制电路接线图,此处不再赘述。

控制电路接线:

① 如图 3-32-1 所示,连接熔断器 FU2 与热继电器 FR 的常闭触点标注为 1 的线我们称为 1 号线,具体接线实现见图 3-32-2 中的两处标注为 1 的连接导线。

② 如图 3-32-1 所示,2 号线连接 FR 与 SB 乙 3,具体接线实现见图 3-32-2 中的两处标注为 2 的连接导线。

③ 如图 3-32-1 所示,3 号线涉及 SB 乙 3 与 SB 甲 3,具体接线实现见图 3-32-2 中的两处标注为 3 的连接导线。

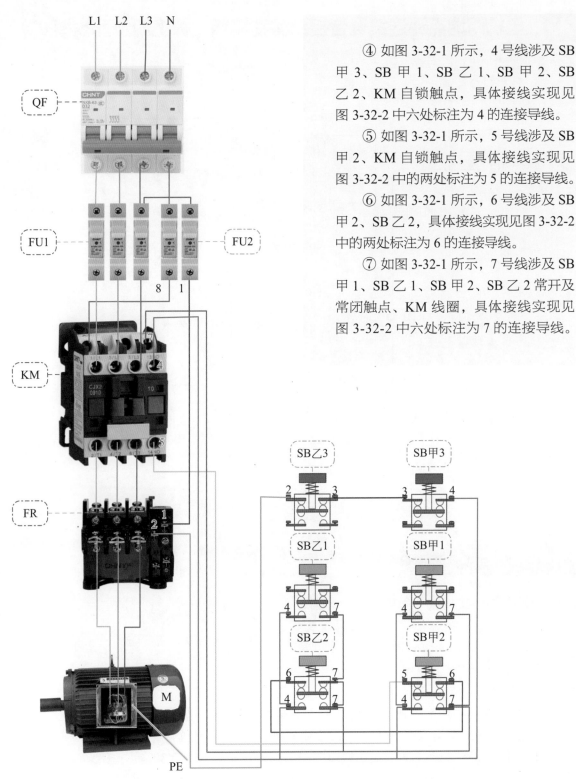

④ 如图 3-32-1 所示，4 号线涉及 SB 甲 3、SB 甲 1、SB 乙 1、SB 甲 2、SB 乙 2、KM 自锁触点，具体接线实现见图 3-32-2 中六处标注为 4 的连接导线。

⑤ 如图 3-32-1 所示，5 号线涉及 SB 甲 2、KM 自锁触点，具体接线实现见图 3-32-2 中的两处标注为 5 的连接导线。

⑥ 如图 3-32-1 所示，6 号线涉及 SB 甲 2、SB 乙 2，具体接线实现见图 3-32-2 中的两处标注为 6 的连接导线。

⑦ 如图 3-32-1 所示，7 号线涉及 SB 甲 1、SB 乙 1、SB 甲 2、SB 乙 2 常开及常闭触点、KM 线圈，具体接线实现见图 3-32-2 中六处标注为 7 的连接导线。

图3-32-2　电机两地点动连续混合控制实物接线图

⑧ 如图 3-32-1 所示，8 号线涉及 KM 线圈、FU2，具体接线实现见图 3-32-2 中两处标注为 8 的连接导线。

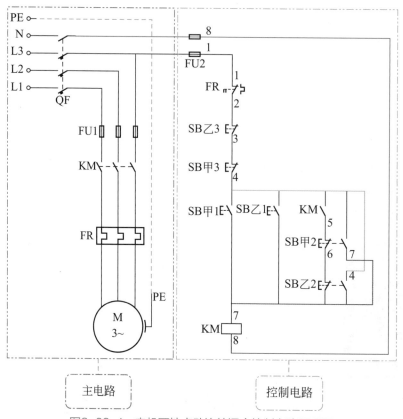

图3-33-1　电机两地点动连续混合控制电路原理图

主电路接线说明：

同前述电路，此处不再赘述。

控制电路接线：

① 如图 3-33-1 所示，连接熔断器 FU2 与热继电器 FR 的常闭触点标注为 1 的线我们称为 1 号线，具体接线实现见图 3-33-2 中的两处标注为 1 的连接导线。

② 如图 3-33-1 所示，2 号线连接热继电器与停止按钮 SB 乙 3，具体接线实现见图 3-33-2，热继电器常闭，触点到端子排的硬线（铝塑线或者铜塑线等）和按钮出来的多芯软线经端子排相连。

③ 如图 3-33-1 所示，3 号线涉及甲地停止按钮 SB 甲 3、乙地停止按钮 SB 乙 3，具体接线实现见图 3-33-2，两点间经多芯软线相连。

④ 如图 3-33-1 所示，4 号线涉及接触器 KM 自锁触点、甲地启动按钮 SB 甲 1、甲地点动按钮 SB 甲 2、甲地停止按钮 SB 甲 3、乙地启动按钮 SB 乙 1、乙地点动按钮 SB 乙 2，具体接线实现见图 3-33-2，接触器到端子排的硬线和按钮出来的多芯软线经端子排相连。

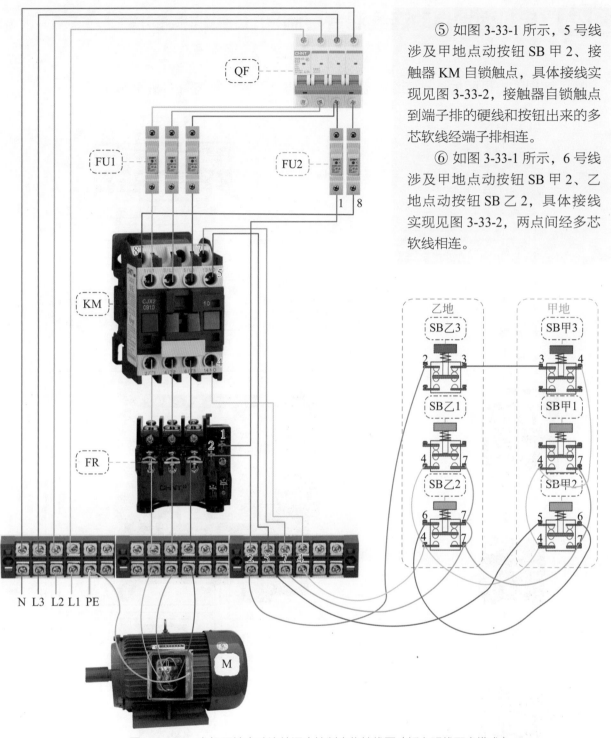

⑤ 如图 3-33-1 所示，5 号线涉及甲地点动按钮 SB 甲 2、接触器 KM 自锁触点，具体接线实现见图 3-33-2，接触器自锁触点到端子排的硬线和按钮出来的多芯软线经端子排相连。

⑥ 如图 3-33-1 所示，6 号线涉及甲地点动按钮 SB 甲 2、乙地点动按钮 SB 乙 2，具体接线实现见图 3-33-2，两点间经多芯软线相连。

图3-33-2 电机两地点动连续混合控制实物接线图（板上明线配盘模式）

⑦ 如图 3-33-1 所示，7 号线涉及接触器 KM 线圈、甲地启动按钮 SB 甲 1、甲地点动按钮 SB 甲 2、乙地启动按钮 SB 乙 1、乙地点动按钮 SB 乙 2，具体接线实现见图 3-33-2，接触器到端子排的硬线和按钮出来的多芯软线经端子排相连。

⑧ 如图 3-33-1 所示，8 号线连接接触器 KM 线圈、熔断器 FU2，具体接线实现见图 3-33-2 中的两处标注为 8 的连接导线。

PLC 实现的电机两地点动连续混合控制（方案 1）实物接线图如图 3-34-1 所示。

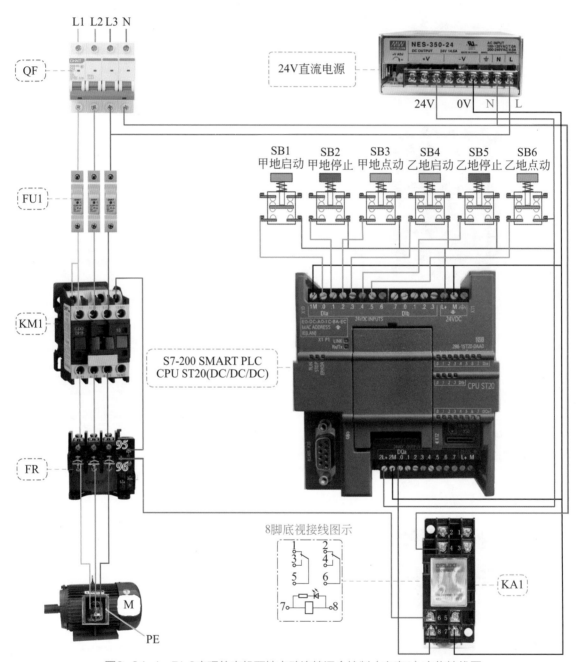

图3-34-1 PLC实现的电机两地点动连续混合控制（方案1）实物接线图

① PLC 电源接线: L+ 接直流电源 24V，M 接直流电源 0V；2L+ 接直流电源 24V，1M、2M 接直流电源 0V。

② PLC 输入端子接线: 电机甲地启动按钮 SB1 接 I0.0，甲地停止按钮 SB2 接 I0.1，甲地点动按钮 SB3 接 I0.2；电机乙地启动按钮 SB4 接 I0.3，乙地停止按钮 SB5 接 I0.4，乙地点动按钮 SB6 接 I0.5。

③ PLC 输出端子接线: Q0.0 接中间继电器 KA1 的 8 号端子（线圈正极）。

④ 中间继电器 KA1 接线: 8 号端子（线圈正极）接 PLC 输出 Q0.0, 7 号端子（线圈负极）接直流电源 0V, 6 号公共端接热继电器 FR 的常闭触点 96 号端子, 中间继电器 4 号常开触点接零线 N。

⑤ 按钮 SB1 ~ SB6 接线: 均接常开触点, 一端接直流电源 24V, 另一端接 PLC 输入端。

PLC 实现的电机两地点动连续混合控制（方案 1）程序如图 3-34-2 所示。

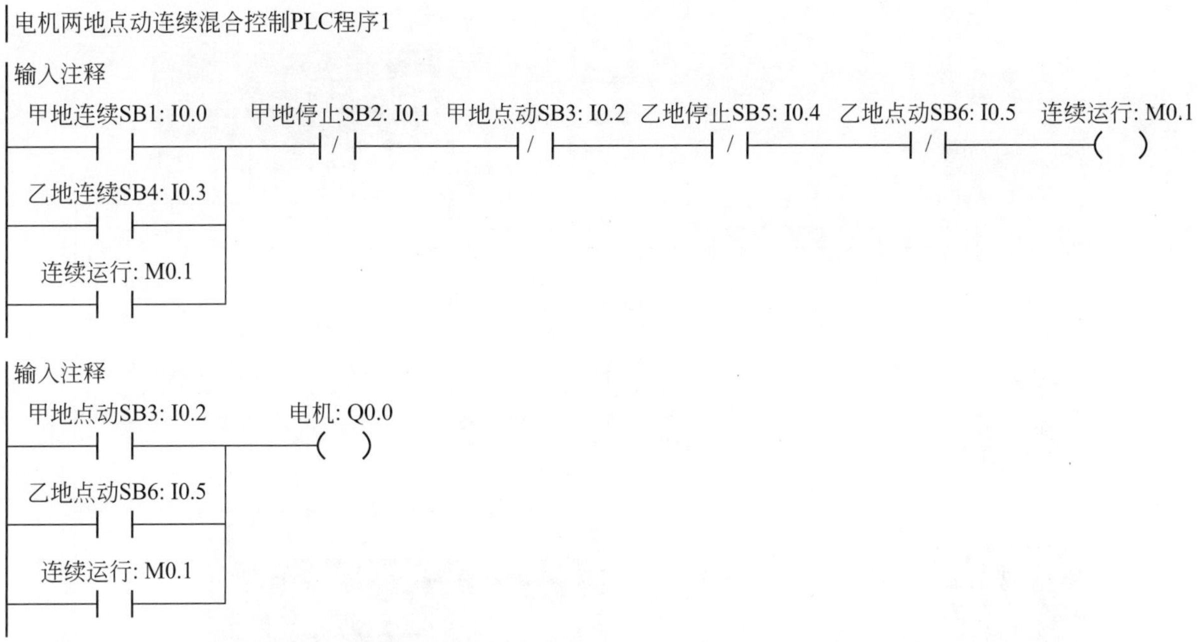

电机两地点动连续混合控制PLC程序1

图3-34-2　PLC实现的电机两地点动连续混合控制（方案1）程序

PLC实现的电机两地点动连续混合控制程序说明:

① 按下电机 M 的甲地启动按钮 SB1, I0.0=ON, M0.1 得电并自锁, Q0.0 得电, 中间继电器 KA1 线圈得电, KA1 常开触点闭合, 接触器 KM 线圈得电, 电机 M 启动连续运转。

② 按下电机 M 的甲地停止按钮 SB2, I0.1=ON, M0.1 失电并解除自锁, M0.1 常开触点恢复断开, Q0.0 失电, 中间继电器 KA1 线圈失电, KA1 常开触点断开, 接触器 KM 线圈失电, 电机 M 停转。

③ 按下电机 M 的甲地点动按钮 SB3, I0.2=ON, M0.1 失电, 电机不能连续运行, 同时 Q0.0 得电, 中间继电器 KA1 线圈得电, KA1 常开触点闭合, 接触器 KM 线圈得电, 电机 M 点动运行。松开点动按钮 SB3, I0.2=OFF, Q0.0 失电, 中间继电器 KA1 线圈失电, KA1 常开触点断开, 接触器 KM 线圈失电, 电机 M 停止运行。

④ 按下电机 M 的乙地启动按钮 SB4, I0.3=ON, M0.1 得电并自锁, Q0.0 得电, 中间继电器 KA1 线圈得电, KA1 常开触点闭合, 接触器 KM 线圈得电, 电机 M 启动连续运转。

⑤ 按下电机 M 的乙地停止按钮 SB5, I0.4=ON, M0.1 失电并解除自锁, M0.1 常开触点恢复断开, Q0.0 失电, 中间继电器 KA1 线圈失电, KA1 常开触点断开, 接触器 KM 线圈失电, 电机 M 停转。

⑥ 按下电机 M 的乙地点动按钮 SB6, I0.5=ON, M0.1 失电, 电机不能连续运行, 同时 Q0.0 得电, 中间继电器 KA1 线圈得电, KA1 常开触点闭合, 接触器 KM 线圈得电, 电机 M 点动运行。松开点动按钮 SB6, I0.5=OFF, Q0.0 失电, 中间继电器 KA1 线圈失电, KA1 常开触点断开, 接触器 KM 线圈失电, 电机 M 停止运行。

PLC 实现的电机两地点动连续混合控制（方案 2）实物接线图如图 3-35-1 所示。

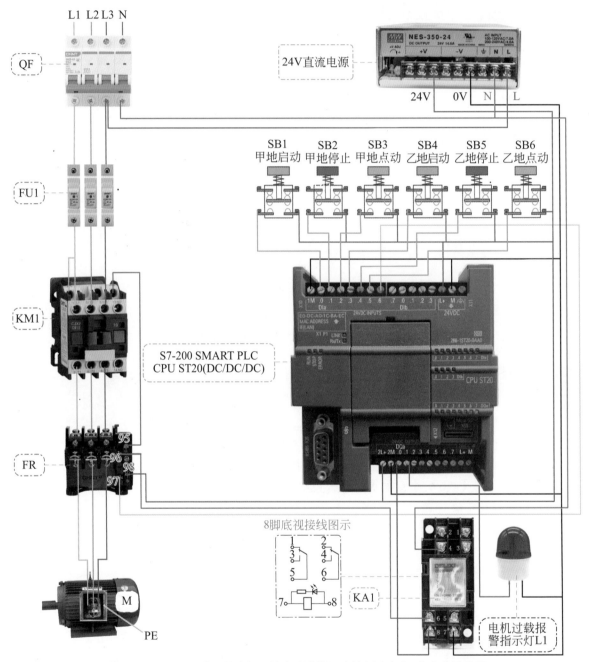

图3-35-1　PLC实现的电机两地点动连续混合控制（方案2）实物接线图

① PLC 电源接线：L+ 接直流电源 24V，M 接直流电源 0V；2L+ 接直流电源 24V，1M、2M 接直流电源 0V。

② PLC 输入端子接线：电机甲地启动按钮 SB1 接 I0.0，甲地停止按钮 SB2 接 I0.1，甲地点动按钮 SB3 接 I0.2；电机乙地启动按钮 SB4 接 I0.3，乙地停止按钮 SB5 接 I0.4，乙地点动按钮 SB6 接 I0.5；热继电器常开触点 97 端子接 I0.6。

③ PLC 输出端子接线：Q0.0 接中间继电器 KA1 的 8 号端子（线圈正极）；Q0.1 接电机过载报警指示灯正极。

④ 中间继电器 KA1 接线：8 号端子（线圈正极）接 PLC 输出 Q0.0，7 号端子（线圈负极）接直流电源 0V，6 号公共端接热继电器 FR 的常闭触点 96 号端子，中间继电器 4 号常开触点接零线 N。

⑤ 热继电器 FR 接线：95 号端子接接触器 KM1 线圈端子；96 号端子接 KA1 的 6 号端子；97 号端子接 PLC 的输入 I0.6；98 号端子接直流电源 24V。

⑥ 按钮 SB1 ~ SB6 接线：均接常开触点，一端接直流电源 24V，另一端接 PLC 输入端。

说明： 本接线将热继电器 FR 的一对常开触点 97-98 接入了 PLC 输入端，当电机发生过载热继电器动作时，常闭触点 95-96 断开使接触器线圈 KM 失电，进而电机停机。同时由于热继电器常开触点 97-98 闭合，PLC 的 I0.6 由 0 变 1，可通过程序控制 PLC 的输出，给出电机过载的灯光报警；同时也可通过 PLC 编程，使 I0.6 起到停止按钮的作用。

PLC 实现的电机两地点动连续混合控制（方案 2）程序如图 3-35-2 所示。

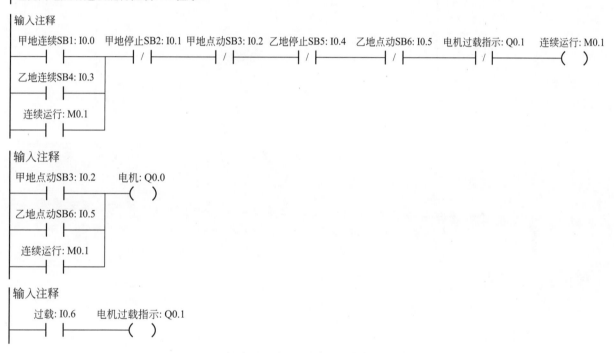

图3-35-2　PLC实现的电机两地点动连续混合控制（方案2）程序

PLC实现的电机两地点动连续混合控制程序说明：

程序说明与方案 1 类似部分不再赘述，这里说一下不同之处。

电机出现过载时，热继电器常开辅助触点 97-98 闭合，I0.6=ON，电机过载报警指示灯 L1 点亮，M0.1 失电并解除自锁，Q0.0 失电，中间继电器 KA1 线圈失电，KA1 常开触点断开，接触器 KM 线圈失电，电机 M 停转。热继电器辅助触点手动或自动复位后，热继电器常开辅助触点 97-98 恢复断开，I0.6=OFF，Q0.1 失电，电机过载报警指示灯 L1 熄灭，同时为 M0.1 得电做好了准备。本控制方案可有效避免因热继电器过载复位后可能引发的电机自行启动问题。

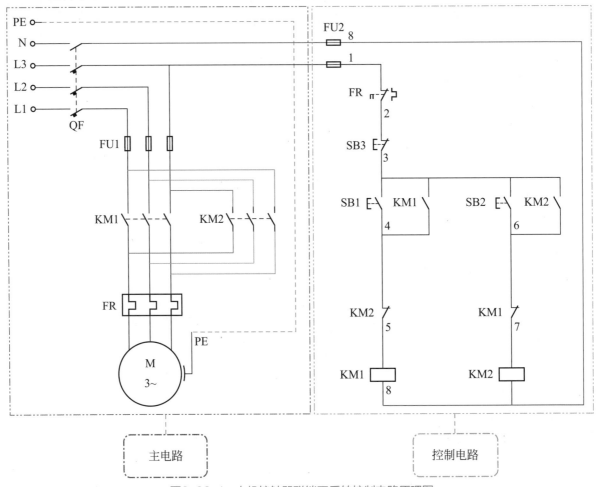

图3-36-1　电机接触器联锁正反转控制电路原理图

如图 3-36-1 所示：

合上电源开关 QF。

（1）电机正向启动

按下正向启动按钮 SB1，接触器 KM1 线圈得电并自锁，接触器 KM1 主触点闭合，电机 M 得电启动正向运行，此时 KM1（6-7）断开实现联锁功能，这时即便按下反向启动按钮 SB2，KM2 线圈也不会得电，即电机不会反向启动。

（2）电机停止运行

按下停止按钮 SB3，接触器 KM1 线圈失电并解除自锁，接触器 KM1 主触点断开，电机 M 失电停转。

（3）电机反向启动

按下反向启动按钮 SB2，接触器 KM2 线圈得电并自锁，接触器 KM2 主触点闭合，电机 M 得电启动反向运行，此时 KM2（4-5）断开实现联锁功能，这时即便按下正向启动按钮 SB1，KM1 线圈也不会得电，即电机不会正向启动。

从主电路看，与 KM1 主触点相比，通过 KM2 主触点实现了电源 L1 与 L3 的交叉换相，进而 KM1 得电主触点闭合时，电机正向运行，KM2 得电主触点闭合时，电机反向运行。假如接触器 KM1 和 KM2 同时得电主触点闭合，会造成电源短路，为了避免其同时得电，通过控制线路的接触器互锁（联锁）来实现。

无论电机正向还是反向运行，当电机过载热继电器 FR 动作时，会使 KM1 或 KM2 线圈失电并解除自锁，电机 M 停止工作。

总结： 该电路的缺点是电机由正向到反向或者由反向到正向必须经过停止按钮，不能实现正反向启动按钮间的直接任意切换。优点是在一个接触器主触点发生熔焊的情况下，由于其发生熔焊的接触器常闭触点处于断开状态，通过接触器联锁使得另一方向的按钮即便按下也不会使得另一个接触器线圈得电，因而避免了电路中熔焊情况下，按钮直接正反向换向启动切换，致使两个接触器线圈同时得电而造成的主电路电源短路现象。

心得笔记

注意通过接触器 KM1、KM2 主触点之间的连线实现交叉换相，其余接线同前述电路类似，不再赘述。

控制电路接线：

① 如图 3-36-1 所示，1 号线涉及 FU2、FR，具体接线实现见图 3-36-2 中的两处标注为 1 的连接导线。

② 如图 3-36-1 所示，2 号线涉及 FR、SB3，具体接线实现见图 3-36-2 中的两处标注为 2 的连接导线。

③ 如图 3-36-1 所示，3 号线涉及 SB3、SB1、SB2、KM1 自锁触点、KM2 自锁触点，具体接线实现见图 3-36-2 中的五处标注为 3 的连接导线。

④ 如图 3-36-1 所示，4 号线涉及 SB1、KM1 自锁触点、KM2 常闭辅助触点，具体接线实现见图 3-36-2 中的三处标注为 4 的连接导线。

⑤ 如图 3-36-1 所示，5 号线涉及 KM2 常闭辅助触点、KM1 线圈，具体接线实现见图 3-36-2 中的两处标注为 5 的连接导线。

⑥ 如图 3-36-1 所示，6 号线涉及 SB2、KM2 自锁触点、KM1 常闭辅助触点，具体接线实现见图 3-36-2 中的三处标注为 6 的连接导线。

⑦ 如图 3-36-1 所示，7 号线涉及 KM1 常闭辅助触点、KM2 线圈，具体接线实现见图 3-36-2 中的两处标注为 7 的连接导线。

⑧ 如图 3-36-1 所示，8 号线涉及 KM1 线圈、KM2 线圈、FU2，具体接线实现见图 3-36-2 中的三处标注为 8 的连接导线。

心得笔记

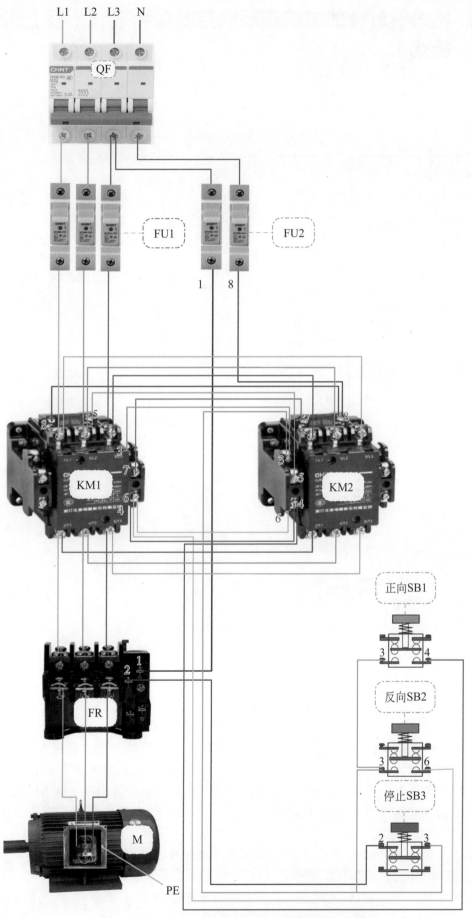

图3-36-2 电机接触器联锁正反转控制实物接线图

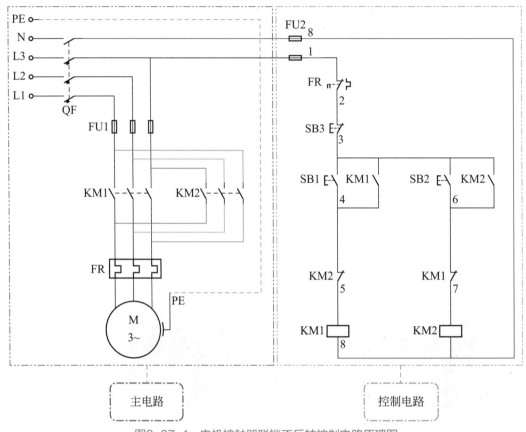

图3-37-1 电机接触器联锁正反转控制电路原理图

主电路接线说明：

同前述电路，此处不再赘述。

控制电路接线：

① 如图 3-37-1 所示，连接熔断器 FU2 与热继电器 FR 的常闭触点标注为 1 的线我们称为 1 号线，具体接线实现见图 3-37-2 中的两处标注为 1 的连接导线。

② 如图 3-37-1 所示，2 号线连接热继电器 FR 与停止按钮 SB3，具体接线实现见图 3-37-2，热继电器常闭触点到端子排的硬线（铝塑线或者铜塑线等）和按钮出来的多芯软线经端子排相连。

③ 如图 3-37-1 所示，3 号线涉及正转启动按钮 SB1、反转启动按钮 SB2、停止按钮 SB3、接触器 KM1 自锁触点、接触器 KM2 自锁触点，具体接线实现见图 3-37-2，接触器自锁触点到端子排的硬线和按钮出来的软线经端子排相连。

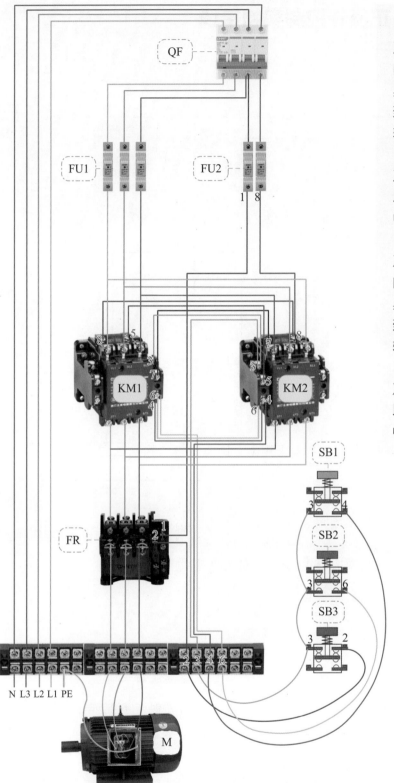

④ 如图 3-37-1 所示，4 号线涉及接触器 KM1 自锁触点、KM2 常闭辅助触点和正转启动按钮 SB1，具体接线实现见图 3-37-2，接触器到端子排的硬线和按钮出来的多芯软线经端子排相连。

⑤ 如图 3-37-1 所示，5 号线涉及接触器 KM1 线圈和 KM2 常闭辅助触点，具体接线实现见图 3-37-2 中的两处标注为 5 的连接导线。

⑥ 如图 3-37-1 所示，6 号线涉及接触器 KM2 自锁触点、KM1 常闭辅助触点和反转启动按钮 SB2，具体接线实现见图 3-37-2，接触器到端子排的硬线和按钮出来的多芯软线经端子排相连。

⑦ 如图 3-37-1 所示，7 号线涉及接触器 KM2 线圈和 KM1 常闭辅助触点，具体接线实现见图 3-37-2 中的两处标注为 7 的连接导线。

图3-37-2 电机接触器联锁正反转控制电路实物接线图（板上明线配盘模式）

⑧ 如图 3-37-1 所示，8 号线涉及接触器 KM1 线圈、接触器 KM2 线圈、熔断器 FU2，具体接线实现见图 3-37-2 中的三处标注为 8 的连接导线。

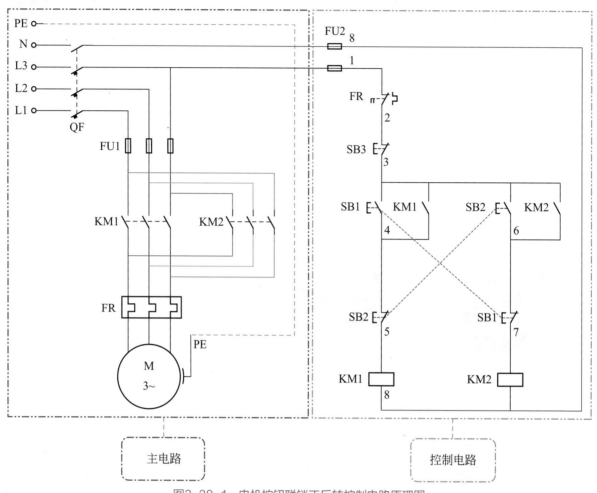

图3-38-1　电机按钮联锁正反转控制电路原理图

如图 3-38-1 所示：

合上电源开关 QF。

（1）电机正向启动

按下正向启动按钮 SB1，接触器 KM1 线圈得电并自锁，接触器 KM1 主触点闭合，电机 M 得电启动正向运行。

（2）电机反向启动

按下反向启动按钮 SB2，接触器 KM2 线圈得电并自锁，接触器 KM2 主触点闭合，电机 M 得电启动反向运行。

（3）电机停止运行

按下停止按钮 SB3，接触器线圈失电并解除自锁，接触器主触点断开，电机 M 失电停转。

从主电路看，假如接触器 KM1 和 KM2 同时得电会造成电源短路，为了避免其同时得电，通过控制线路的按钮互锁（联锁）来实现。

总结： 电机由正向到反向或者由反向到正向不必经过停止按钮，能实现正反方向启动按钮间的直接任意切换。该电路的优点是实现了正反向启动按钮间的直接任意切换，缺点是在接触器主触点发生熔焊的情况下，直接正反向换向切换会造成电源短路。

无论电机正向还是反向运行，当电机过载热继电器 FR 动作时，会使 KM1 或 KM2 线圈失电并解除自锁，电机 M 停止工作。

心得笔记

主电路接线说明:

注意通过接触器 KM1、KM2 主触点之间的连线实现交叉换相,其余接线同前述电路类似,不再赘述。

控制电路接线:

① 如图 3-38-1 所示,1 号线涉及 FU2、FR,具体接线实现见图 3-38-2 中的两处标注为 1 的连接导线。

② 如图 3-38-1 所示,2 号线涉及 FR、SB3,具体接线实现见图 3-38-2 中的两处标注为 2 的连接导线。

③ 如图 3-38-1 所示,3 号线涉及 SB3、SB1、SB2、KM1 自锁触点、KM2 自锁触点,具体接线实现见图 3-38-2 中的五处标注为 3 的连接导线。

④ 如图 3-38-1 所示,4 号线涉及 SB1、SB2、KM1 自锁触点,具体接线实现见图 3-38-2 中的三处标注为 4 的连接导线。

⑤ 如图 3-38-1 所示,5 号线涉及 SB2 常闭触点、KM1 线圈,具体接线实现见图 3-38-2 中的两处标注为 5 的连接导线。

⑥ 如图 3-38-1 所示,6 号线涉及 SB2、SB1、KM2 自锁触点,具体接线实现见图 3-38-2 中的三处标注为 6 的连接导线。

⑦ 如图 3-38-1 所示,7 号线涉及 SB1 常闭触点、KM2 线圈,具体接线实现见图 3-38-2 中的两处标注为 7 的连接导线。

⑧ 如图 3-38-1 所示,8 号线涉及 KM1 线圈、KM2 线圈、FU2,具体接线实现见图 3-38-2 中的三处标注为 8 的连接导线。

心得笔记

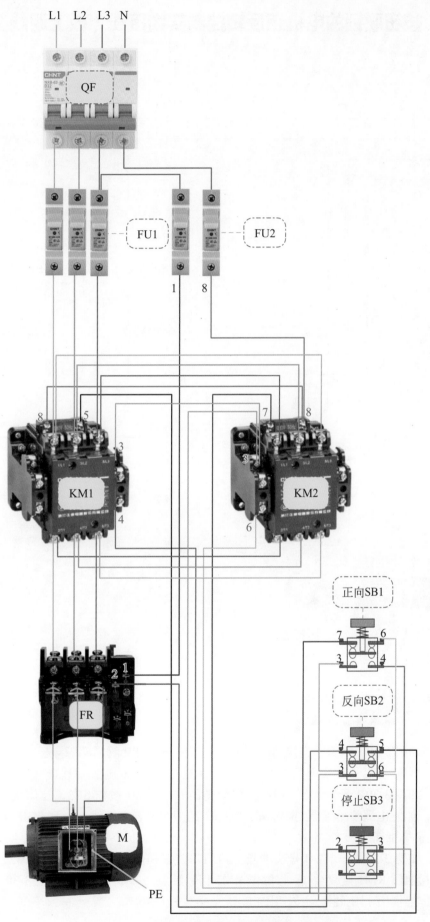

图3-38-2 电机按钮联锁正反转控制实物接线图

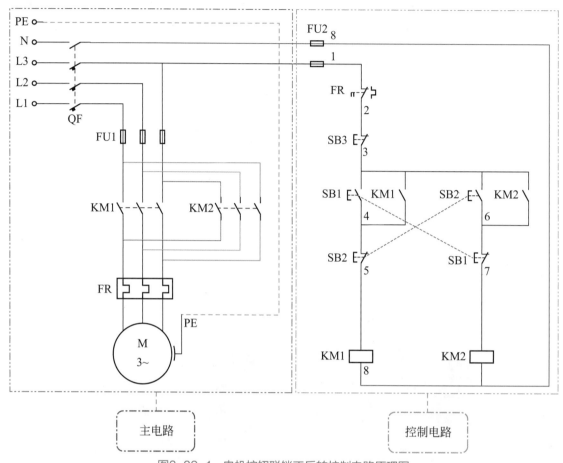

图3-39-1　电机按钮联锁正反转控制电路原理图

主电路接线说明：

同前述电路，此处不再赘述。

控制电路接线：

① 如图 3-39-1 所示，连接熔断器 FU2 与热继电器 FR 的常闭触点标注为 1 的线我们称为 1 号线，具体接线实现见图 3-39-2 中的两处标注为 1 的连接导线。

② 如图 3-39-1 所示，2 号线连接热继电器 FR 与停止按钮 SB3，具体接线实现见图 3-39-2，热继电器常闭触点到端子排的硬线（铝塑线或者铜塑线等）和按钮出来的多芯软线经端子排相连。

③ 如图 3-39-1 所示，3 号线涉及正转启动按钮 SB1、反转启动按钮 SB2、停止按钮 SB3、接触器 KM1 自锁触点、接触器 KM2 自锁触点，具体接线实现见图 3-39-2，接触器自锁触点到端子排的硬线和按钮出来的软线经端子排相连。

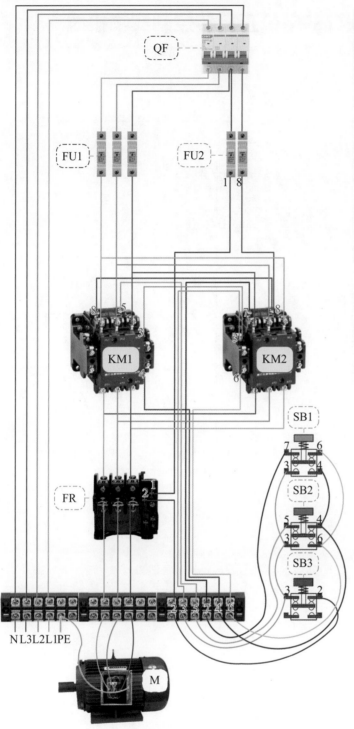

④ 如图 3-39-1 所示，4 号线涉及接触器 KM1 自锁触点、SB1 常开触点、SB2 常闭触点，具体接线实现见图 3-39-2，接触器到端子排的硬线和按钮出来的多芯软线经端子排相连。

⑤ 如图 3-39-1 所示，5 号线涉及接触器 KM1 线圈和 SB2 常闭触点，具体接线实现见图 3-39-2，接触器到端子排的硬线和按钮出来的多芯软线经端子排相连。

⑥ 如图 3-39-1 所示，6 号线涉及接触器 KM2 自锁触点、SB2 常开触点、SB1 常闭触点，具体接线实现见图 3-39-2，接触器到端子排的硬线和按钮出来的多芯软线经端子排相连。

图3-39-2　电机按钮联锁正反转控制电路实物接线图
（板上明线配盘模式）

⑦ 如图 3-39-1 所示，7 号线涉及接触器 KM2 线圈和 SB1 常闭触点，具体接线实现见图 3-39-2，接触器到端子排的硬线和按钮出来的多芯软线经端子排相连。

⑧ 如图 3-39-1 所示，8 号线涉及接触器 KM1 线圈、接触器 KM2 线圈、熔断器 FU2，具体接线实现见图 3-39-2 中的三处标注为 8 的连接导线。

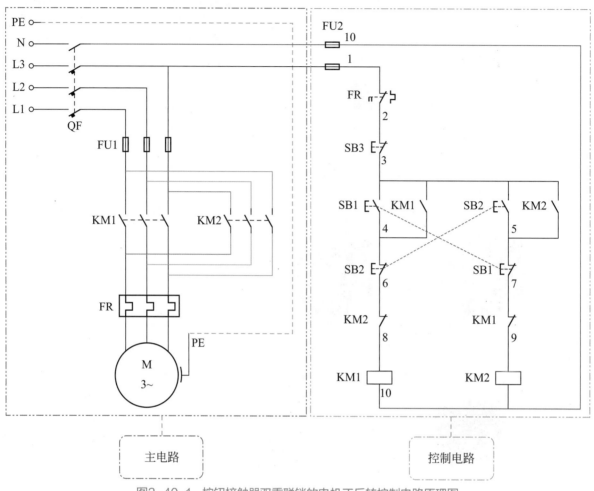

图3-40-1 按钮接触器双重联锁的电机正反转控制电路原理图

如图 3-40-1 所示:

合上电源开关 QF。

（1）电机正向启动

按下正向启动按钮 SB1，接触器 KM1 线圈得电并自锁，接触器 KM1 主触点闭合，电机 M 得电启动正向运行。

（2）电机反向启动

按下反向启动按钮 SB2，接触器 KM2 线圈得电并自锁，接触器 KM2 主触点闭合，电机 M 得电启动反向运行。

（3）电机停止运行

按下停止按钮 SB3，接触器线圈失电并解除自锁，接触器主触点断开，电机 M 失电停转。

无论电机正向还是反向运行，当电机过载热继电器 FR 动作时，会使 KM1 或 KM2 线圈失电并解除自锁，电机 M 停止工作。

总结： 该电路集中了接触器联锁正反转控制和按钮联锁正反转控制两个电路的优点，实现了正反向启动按钮间的直接任意切换，并且在接触器主触点发生熔焊的情况下由于其发生熔焊的接触器常闭触点处于断开状态，通过接触器联锁使得另一方向的按钮即便按下也不会使接触器线圈得电，因而避免了单纯的按钮联锁正反转电路中，熔焊情况下按钮直接正反向换向切换带来的电源短路现象。

心得笔记

同前述按钮联锁正反转控制主电路类似，不再赘述。

控制电路接线：

① 如图 3-40-1 所示，1 号线涉及 FU2、FR，具体接线实现见图 3-40-2 中的两处标注为 1 的连接导线。

② 如图 3-40-1 所示，2 号线涉及 FR、SB3，具体接线实现见图 3-40-2 中的两处标注为 2 的连接导线。

③ 如图 3-40-1 所示，3 号线涉及 SB3、SB1、SB2、KM1 自锁触点、KM2 自锁触点，具体接线实现见图 3-40-2 中的五处标注为 3 的连接导线。

④ 如图 3-40-1 所示，4 号线涉及 SB1、SB2、KM1 自锁触点，具体接线实现见图 3-40-2 中的三处标注为 4 的连接导线。

⑤ 如图 3-40-1 所示，5 号线涉及 SB2、SB1、KM2 自锁触点，具体接线实现见图 3-40-2 中的三处标注为 5 的连接导线。

⑥ 如图 3-40-1 所示，6 号线涉及 SB2 常闭触点、KM2 常闭辅助触点，具体接线实现见图 3-40-2 中的两处标注为 6 的连接导线。

⑦ 如图 3-40-1 所示，7 号线涉及 SB1 常闭触点、KM1 常闭辅助触点，具体接线实现见图 3-40-2 中的两处标注为 7 的连接导线。

⑧ 如图 3-40-1 所示，8 号线涉及 KM1 线圈、KM2 常闭触点，具体接线实现见图 3-40-2 中的两处标注为 8 的连接导线。

心得笔记

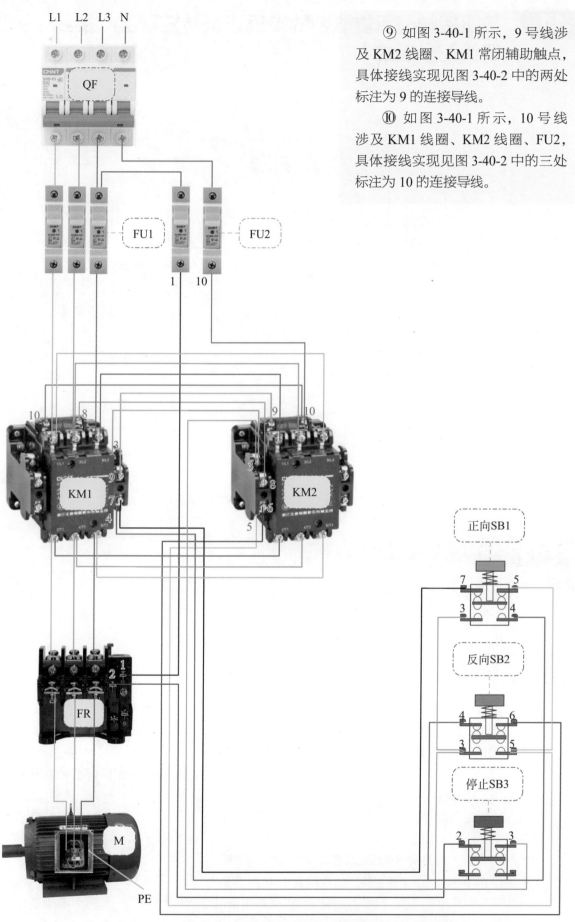

⑨ 如图 3-40-1 所示，9 号线涉及 KM2 线圈、KM1 常闭辅助触点，具体接线实现见图 3-40-2 中的两处标注为 9 的连接导线。

⑩ 如图 3-40-1 所示，10 号线涉及 KM1 线圈、KM2 线圈、FU2，具体接线实现见图 3-40-2 中的三处标注为 10 的连接导线。

图3-40-2　按钮接触器双重联锁的电机正反转控制电路实物接线图

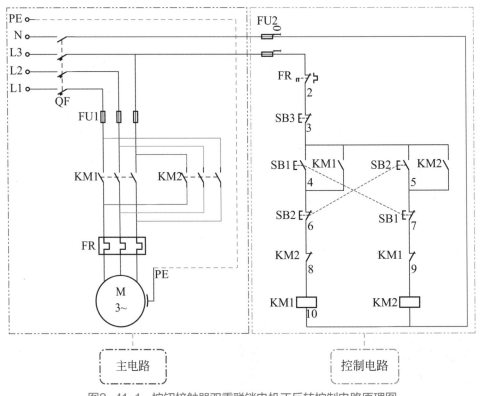

图3-41-1　按钮接触器双重联锁电机正反转控制电路原理图

主电路接线说明：

同前述电路，此处不再赘述。

控制电路接线：

① 如图 3-41-1 所示，连接熔断器 FU2 与热继电器 FR 的常闭触点标注为 1 的线我们称为 1 号线，具体接线实现见图 3-41-2 中的两处标注为 1 的连接导线。

② 如图 3-41-1 所示，2 号线连接热继电器 FR 与停止按钮 SB3，具体接线实现见图 3-41-2，热继电器常闭触点到端子排的硬线（铝塑线或者铜塑线等）和按钮出来的多芯软线经端子排相连。

③ 如图 3-41-1 所示，3 号线涉及正转启动按钮 SB1、反转启动按钮 SB2、停止按钮 SB3、接触器 KM1 自锁触点、接触器 KM2 自锁触点，具体接线实现见图 3-41-2，接触器自锁触点到端子排的硬线和按钮出来的软线经端子排相连。

④ 如图 3-41-1 所示，4 号线涉及接触器 KM1 自锁触点、SB1 常开触点、SB2 常闭触点，具体接线实现见图 3-41-2，接触器到端子排的硬线和按钮出来的多芯软线经端子排相连。

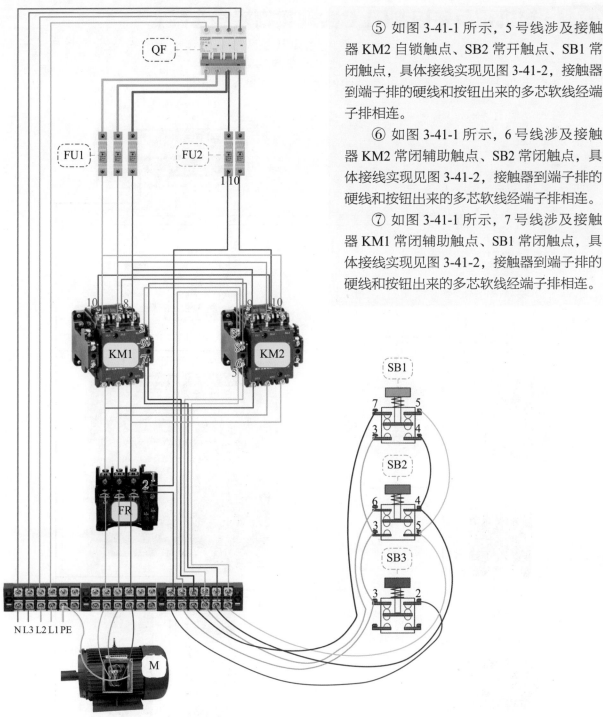

⑤ 如图 3-41-1 所示，5 号线涉及接触器 KM2 自锁触点、SB2 常开触点、SB1 常闭触点，具体接线实现见图 3-41-2，接触器到端子排的硬线和按钮出来的多芯软线经端子排相连。

⑥ 如图 3-41-1 所示，6 号线涉及接触器 KM2 常闭辅助触点、SB2 常闭触点，具体接线实现见图 3-41-2，接触器到端子排的硬线和按钮出来的多芯软线经端子排相连。

⑦ 如图 3-41-1 所示，7 号线涉及接触器 KM1 常闭辅助触点、SB1 常闭触点，具体接线实现见图 3-41-2，接触器到端子排的硬线和按钮出来的多芯软线经端子排相连。

图3-41-2　按钮接触器双重联锁的电机正反转控制电路实物接线图（板上明线配盘模式）

⑧ 如图 3-41-1 所示，8 号线涉及接触器 KM2 常闭辅助触点和接触器 KM1 线圈，具体接线实现见图 3-41-2 中两处标注为 8 的导线。

⑨ 如图 3-41-1 所示，9 号线涉及接触器 KM1 常闭辅助触点和接触器 KM2 线圈，具体接线实现见图 3-41-2 中两处标注为 9 的导线。

⑩ 如图 3-41-1 所示，10 号线涉及接触器 KM1 线圈、接触器 KM2 线圈、熔断器 FU2，具体接线实现见图 3-41-2 中的三处标注为 10 的连接导线。

PLC 实现的电机正反转控制实物接线图方案 1 如图 3-42-1 所示。

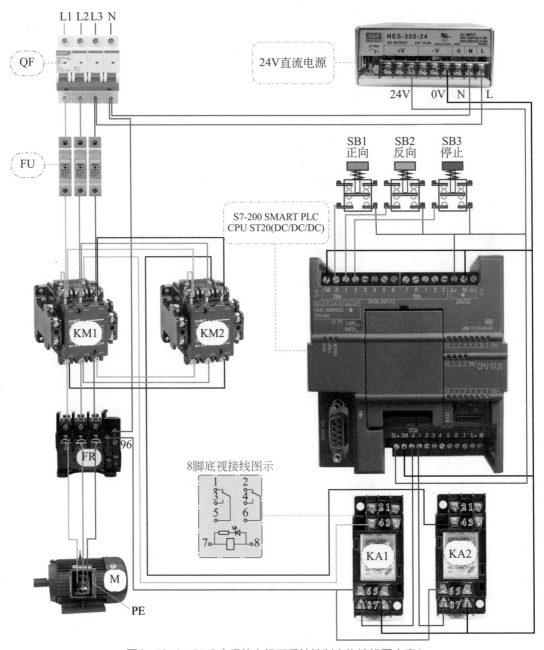

图3-42-1　PLC实现的电机正反转控制实物接线图方案1

① PLC 电源接线：L+ 接直流电源 24V，M 接直流电源 0V；2L+ 接直流电源 24V，1M、2M 接直流电源 0V。

② PLC 输入端子接线：电机 M 正转启动按钮 SB1 接 I0.0，电机 M 反转启动按钮 SB2 接 I0.1，电机 M 停止按钮 SB3 接 I0.2。

③ PLC 输出端子接线：Q0.0 接中间继电器 KA1 的 8 号端子（线圈正极），Q0.1 接中间继电器 KA2 的 8 号端子（线圈正极）。

④ 中间继电器 KA1 接线：8 号端子（线圈正极）接 PLC 输出端 Q0.0，7 号端子（线圈负极）接直流电源 0V，6 号公共端接热继电器 FR 的常闭触点 96 号端子，4 号端子接接触器 KM1 线圈触点。

⑤ 中间继电器 KA2 接线：8 号端子（线圈正极）接 PLC 输出端 Q0.1，7 号端子（线圈负极）接直流电源 0V，6 号公共端接热继电器 FR 的常闭触点 96 号端子，4 号端子接接触器 KM2 线圈。

⑥ 热继电器 FR 接线：FR 的常闭触点 95 号端子接电源零线 N，96 号端子接中间继电器 KA1、KA2 的 6 号端子。

⑦ 按钮 SB1 ~ SB3 接线：均接常开触点，一端接直流电源 24V，另一端接 PLC 输入端。

PLC 实现的电机正反转控制方案 1 程序如图 3-42-2 所示。

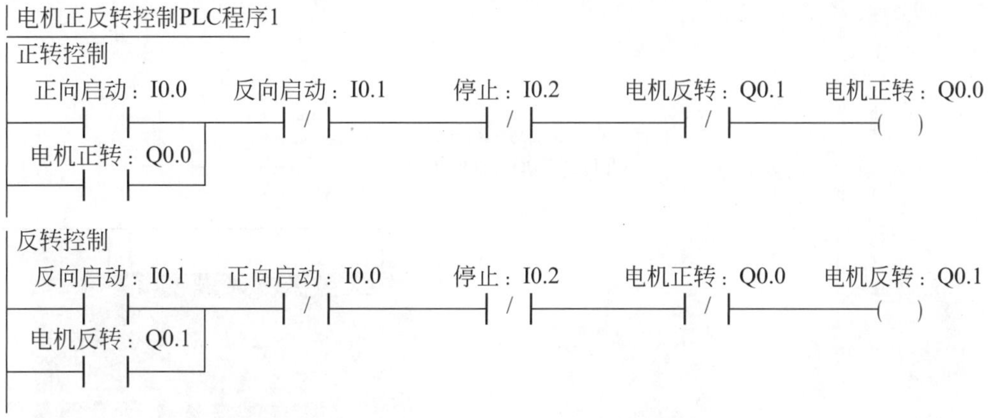

图3-42-2　PLC实现的电机正反转控制方案1程序

PLC实现的电机正反转控制原理说明：

① 按下正向启动按钮 SB1，I0.0 得电，Q0.0 得电并自锁，KA1 得电，KM1 得电，电机 M 得电启动正向运行。

② 按下反向启动按钮 SB2，I0.1 得电，Q0.0 失电并解除自锁，Q0.1 得电并自锁，KA2 得电，KM2 得电，电机 M 得电反向运行。

③ 按下停止按钮 SB3，I0.2 得电，Q0.1 失电并解除自锁，KA2 失电，KM2 失电，电机 M 失电停止运行。

④ 电机运行过程中如出现过载情况，图 3-42-1 中热继电器 FR 常闭触点 95-96 断开，KM1 线圈或 KM2 线圈均失电，电机 M 停止运行。此时热继电器设为手动复位模式，在查明原因、排除过载故障之前，可不对热继电器 FR 进行复位操作，这样即便再按下启动按钮 SB1 或 SB2，由于热继电器 FR 常闭触点 95-96 仍处于断开状态，KM1 或 KM2 均不会得电，也就是说电机不会启动。

⑤ 在查明原因排除过载故障之后，对热继电器 FR 进行复位操作，热继电器 FR 常闭触点 95-96 恢复到闭合状态，这时有可能出现电机的自行启动现象。如何改进见方案 3。

其他说明： 接触器 KM1 和 KM2 采用程序软件互锁但没有采用硬件互锁（联锁），使得 KM1 和 KM2 线圈通常情况下不会同时得电，很大程度上避免了 KM1 和 KM2 线圈同时得电造成的电源短路现象，假如由于接线异常或其他原因出现了 KA1 和 KA2 线圈同时得电的情况，就会导致 KM1 和 KM2 线圈同时得电，造成电源短路现象，如何避免这种情况见方案 2 和方案 3。

43. 电机正反转控制PLC实现实物接线方案2

PLC 实现的电机正反转控制实物接线图方案 2 如图 3-43-1 所示。

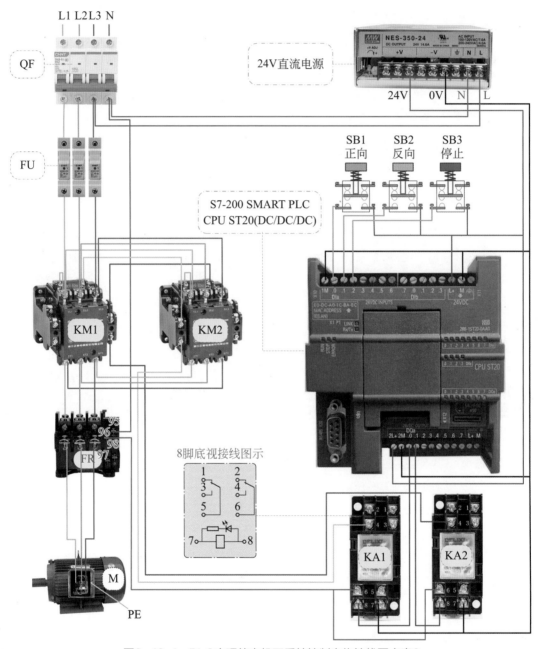

图3-43-1　PLC实现的电机正反转控制实物接线图方案2

① PLC 电源接线：L+ 接直流电源 24V，M 接直流电源 0V；2L+ 接直流电源 24V，1M、2M 接直流电源 0V。

② PLC 输入端子接线：电机 M 正转启动按钮 SB1 接 I0.0，电机 M 反转启动按钮 SB2 接 I0.1，电机 M 停止按钮 SB3 接 I0.2。

③ PLC 输出端子接线：Q0.0 接中间继电器 KA1 的 8 号端子（线圈正极），Q0.1 接中间继电器 KA2 的 8 号端子（线圈正极）。

④ 中间继电器 KA1 接线: 8 号端子（线圈正极）接 PLC 输出端 Q0.0, 7 号端子（线圈负极）接直流电源 0V, 6 号公共端接热继电器 FR 的常闭触点 96 号端子, 4 号端子接接触器 KM2 常闭触点。

⑤ 中间继电器 KA2 接线: 8 号端子（线圈正极）接 PLC 输出端 Q0.1, 7 号端子（线圈负极）接直流电源 0V, 6 号公共端接热继电器 FR 的常闭触点 96 号端子, 4 号端子接接触器 KM1 常闭触点。

⑥ 热继电器 FR 接线: FR 的常闭触点 95 号端子接电源零线 N, 96 号端子接中间继电器 KA1、KA2 的 6 号端子。

⑦ 按钮 SB1 ~ SB3 接线: 均接常开触点, 一端接直流电源 24V, 另一端接 PLC 输入端。

PLC 实现的电机正反转控制方案 2 程序如图 3-43-2 所示。

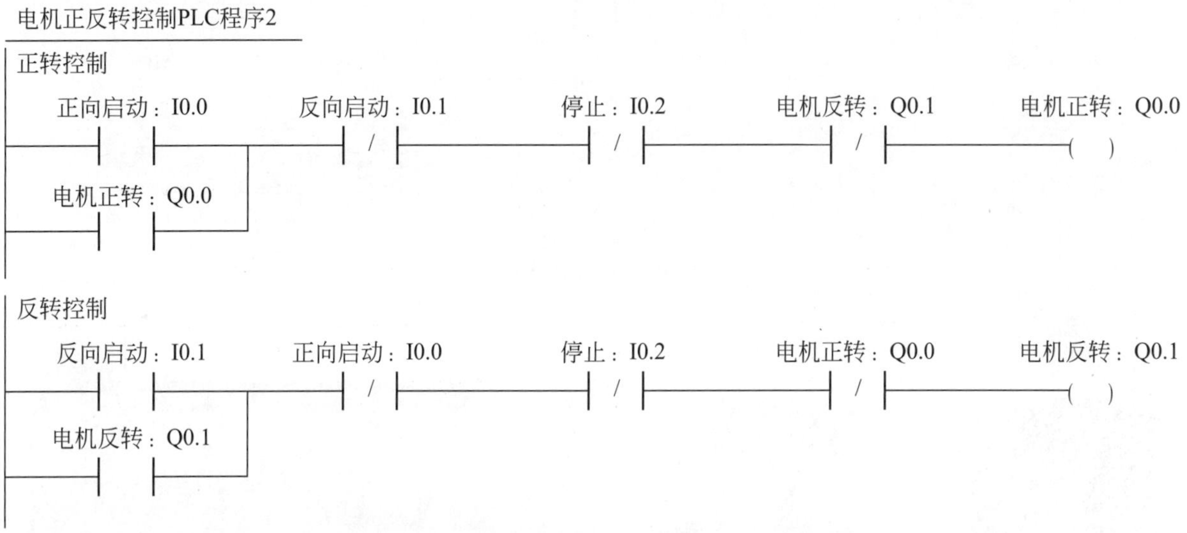

图3-43-2　PLC实现的电机正反转控制方案2程序

PLC实现的电机正反转控制原理说明:

① 按下正向启动按钮 SB1, I0.0 得电, Q0.0 得电并自锁, KA1 得电, KM1 得电, 电机 M 得电启动正向运行。

② 按下反向启动按钮 SB2, I0.1 得电, Q0.0 失电并解除自锁, Q0.1 得电并自锁, KA2 得电, KM2 得电, 电机 M 得电反向运行。

③ 按下停止按钮 SB3, I0.2 得电, Q0.1 失电并解除自锁, KA2 失电, KM2 失电, 电机 M 失电停止运行。

④ 电机运行过程中如出现过载情况, 图 3-43-1 中热继电器 FR 常闭触点 95-96 断开, KA1 线圈或 KA2 线圈均失电, 电机 M 停止运行。此时热继电器设为手动复位模式, 在查明原因排除过载故障之前可不对热继电器 FR 进行复位操作, 这样即便再按下启动按钮 SB1 或SB2, 由于热继电器FR常闭触点95-96仍处于断开状态, KM1 或 KM2 均不会得电, 也就是说电机不会启动。

⑤ 在查明原因排除过载故障之后, 对热继电器 FR 进行复位操作, 热继电器 FR 常闭触点 95-96 恢复到闭合状态, 有可能出现电机的自行启动现象。如何改进见方案 3。

其他说明: 接触器 KM1 和 KM2 采用程序软件互锁和硬件互锁（联锁）, 确保 KM1 和 KM2 线圈不会同时得电, 避免了 KM1 和 KM2 线圈同时得电造成的电源短路现象。

PLC 实现的电机正反转控制实物接线图方案 3 如图 3-44-1 所示。

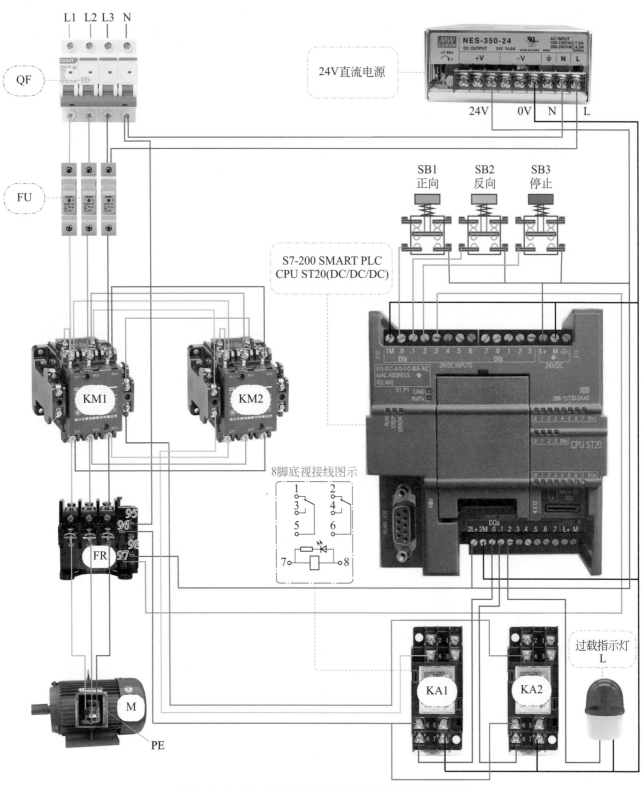

图3-44-1 PLC实现的电机正反转控制实物接线图方案3

① PLC 电源接线：L+ 接直流电源 24V，M 接直流电源 0V；2L+ 接直流电源 24V，1M、2M 接直流电源 0V。

② PLC 输入端子接线：电机 M 正转启动按钮 SB1 接 I0.0，电机 M 反转启动按钮 SB2 接 I0.1，电机 M 停止按钮 SB3 接 I0.2，热继电器常开触点 97 号端子接 I0.3。

③ PLC 输出端子接线：Q0.0 接中间继电器 KA1 的 8 号端子（线圈正极），Q0.1 接中间继电器 KA2 的 8 号端子（线圈正极），Q0.2 接电机过载指示灯正极。

④ 中间继电器 KA1 接线：8 号端子（线圈正极）接 PLC 输出端 Q0.0，7 号端子（线圈负极）接直流电源 0V；6 号公共端接热继电器 FR 的常闭触点 96 号端子，4 号端子经接触器 KM2 常闭触点后到达 KM1 线圈。

⑤ 中间继电器 KA2 接线：8 号端子（线圈正极）接 PLC 输出端 Q0.1，7 号端子（线圈负极）接直流电源 0V，6 号公共端接热继电器 FR 的常闭触点 96 号端子，4 号端子经接触器 KM1 常闭触点后到达 KM2 线圈。

⑥ 电机过载指示灯接线：正极接 PLC 输出 Q0.2，负极接直流电源 0V。

⑦ 热继电器 FR 接线：FR 的常闭触点 95 号端子接电源零线 N，96 号端子接中间继电器 KA1、KA2 的 6 号端子，97 号端子接 PLC 的 I0.3，98 号端子接直流电源 24V。

⑧ 按钮 SB1 ~ SB3 接线：均接常开触点，一端接直流电源 24V，另一端接 PLC 输入端。

心得笔记

PLC 实现的电机正反转控制方案 3 程序如图 3-44-2 所示。

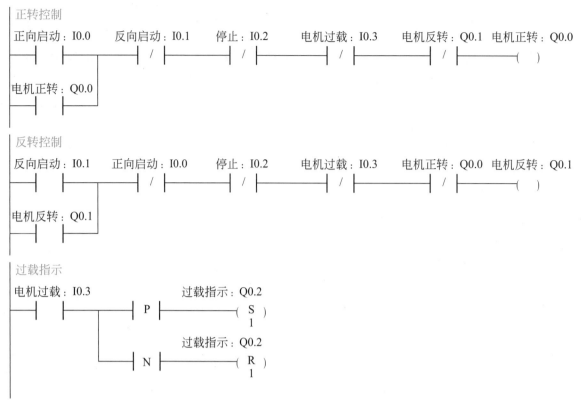

图3-44-2　PLC实现的电机正反转控制方案3程序

PLC实现的电机正反转控制原理说明：

① 按下正向启动按钮 SB1，I0.0 得电，Q0.0 得电并自锁，KA1 得电，KM1 得电，电机 M 得电启动正向运行。

② 按下反向启动按钮 SB2，I0.1 得电，Q0.0 失电并解除自锁，Q0.1 得电并自锁，KA2 得电，KM2 得电，电机 M 得电反向运行。

③ 按下停止按钮 SB3，I0.2 得电，Q0.1 失电并解除自锁，KA2 失电，KM2 失电，电机 M 失电停止运行。

④ 电机运行过程中如出现过载情况，图 3-44-1 中热继电器 FR 常开触点 97-98 闭合，I0.3 得电，Q0.1 或 Q0.2 均失电，电机 M 停止运行，Q0.2 置位，过载指示灯 L 点亮，提示工作人员电机过载。此时热继电器设为手动复位模式，在查明原因排除过载故障之前可不对热继电器 FR 进行复位操作，这样即便再按下启动按钮 SB1 或 SB2，由于热继电器 FR 常开触点 97-98 仍处于闭合状态，进而 I0.3 处于得电状态，Q0.0 或 Q0.1 均不会得电，KM1 或 KM2 均不会得电，也就是说电机不会启动。

⑤ 在查明原因排除过载故障之后，对热继电器 FR 进行复位操作，热继电器 FR 常开触点 97-98 恢复到断开状态，Q0.2 被复位，过载指示灯 L 熄灭，此时 I0.3 处于失电状态，为 Q0.0 或 Q0.1 重新得电做好了准备。这时按下正向启动按钮 SB1 电机正向启动，按下反向启动按钮 SB2 电机反向启动，按下停止按钮 SB3，电机停止运行。

其他说明：本方案有效避免了热继电器自动复位可能造成的电机自启动问题，同时，接触器 KM1 和 KM2 采用程序软件互锁和硬件互锁（联锁），确保 KM1 和 KM2 线圈不会同时得电，也避免了 KM1 和 KM2 线圈同时得电造成的电源短路现象。

心得笔记

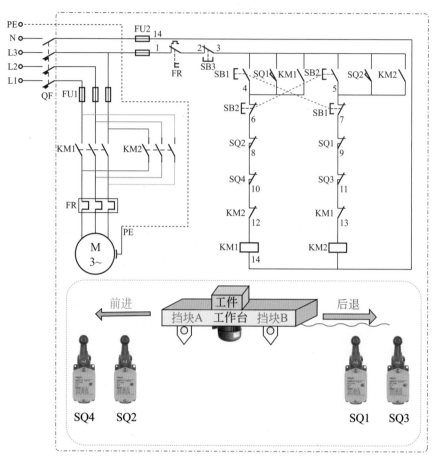

图3-45-1 工作台自动往返电机正反转控制电路原理

工作台自动往返电机正反转控制电路原理：

如图 3-45-1 所示。合上电源开关 QF。

（1）电机正向启动实现工作台往返运行

按下正向启动按钮 SB1，线圈 KM1 得电并自锁，接触器 KM1 主触点闭合，电机 M 得电启动正向运行，电机带动工作台前进。当工作台运行到 SQ2 位置时，挡块 A 压下 SQ2，SQ2 常闭触点断开，使得 KM1 线圈失电，工作台停止前行，同时 SQ2 常开触点闭合使得 KM2 线圈得电并自锁，电机反向运行带动工作台后退。当挡块 B 运动到 SQ1 位置时，挡块 B 压下 SQ1，SQ1 常闭触点断开使得 KM2 线圈失电，工作台停止后退，同时 SQ1 常开触点闭合使得 KM1 线圈得电并自锁，电机正向运行带动工作台前进……工作台自动往返运行，直到按下停止按钮 SB3，接触器线圈失电，电机停止运行，进而工作台也停止运行。

（2）电机反向启动实现工作台往返运行

按下反向启动按钮 SB2，线圈 KM2 得电并自锁，接触器 KM2 主触点闭合，电机 M 得电启动反向运行，电机带动工作台后退。当工作台运行到 SQ1 位置时，挡块 B 压下 SQ1，SQ1 常闭触点断开使得 KM2 线圈失电，工作台停止后退，同时 SQ1 常开触点闭合，使得 KM1 线圈得电并自锁，电机正向运行，带动工作台前进。当挡块 A 运动到 SQ2 位置时，挡块 A 压下 SQ2，SQ2 常闭触点断开，使得 KM1 线圈失电，工作台停止前进，同时 SQ2 常开触点闭合，使得 KM2 线圈得电并自锁，电机反向运行带动工作台后退……工作台自动往返运行，直到按下停止按钮 SB3，接触器线圈失电，电机停止运行，进而工作台也停止运行。

（3）电机停止运行与限位保护

按下停止按钮 SB3，接触器线圈失电并解除自锁，接触器主触点断开，电机 M 失电停转，工作台停止运行。

无论电机正向还是反向运行，当电机过载热继电器 FR 动作时，会使 KM1 或 KM2 线圈失电，电机 M 停止工作。

SQ3 和 SQ4 起到了限位保护的作用，当 SQ2 失灵，工作台前进时挡块 A 会碰到 SQ4，SQ4 常闭触点断开，接触器线圈 KM1 失电，电机停止运行，工作台停止前进；当 SQ1 失灵，工作台后退时挡块 B 会碰到 SQ3，SQ3 常闭触点断开，接触器线圈 KM2 失电，电机停止运行，工作台停止后退。

总结： 该电路具有按钮接触器双重联锁正反转电路的优点，可实现在工作台运行过程中正反向启动按钮间的直接任意切换。

心得笔记

工作台自动往返电机正反转控制电路实物接线说明：

 **主电路接线：**

同前述按钮联锁正反转控制主电路类似，不再赘述。

控制电路接线：

① 如图 3-45-1 所示，1 号线涉及 FU2、FR，具体接线实现见图 3-45-2 中的两处标注为 1 的连接导线。

② 如图 3-45-1 所示，2 号线涉及 FR、SB3，具体接线实现见图 3-45-2 中的两处标注为 2 的连接导线。

③ 如图 3-45-1 所示，3 号线涉及 SB3、SB1、SB2、KM1 自锁触点、KM2 自锁触点、SQ1 常开触点、SQ2 常开触点，具体接线实现见图 3-45-2 中的七处标注为 3 的连接导线。

④ 如图 3-45-1 所示，4 号线涉及 SB1、SB2、KM1 自锁触点、SQ1 常开触点，具体接线实现见图 3-45-2 中的四处标注为 4 的连接导线。

⑤ 如图 3-45-1 所示，5 号线涉及 SB2、SB1、KM2 自锁触点、SQ2 常开触点，具体接线实现见图 3-45-2 中的四处标注为 5 的连接导线。

⑥ 如图 3-45-1 所示，6 号线涉及 SB2、SQ2 常闭触点，具体接线实现见图 3-45-2 中的两处标注为 6 的连接导线。

⑦ 如图 3-45-1 所示，7 号线涉及 SB1、SQ1 常闭触点，具体接线实现见图 3-45-2 中的两处标注为 7 的连接导线。

⑧ 如图 3-45-1 所示，8 号线涉及 SQ2 常闭触点、SQ4 常闭触点，具体接线实现见图 3-45-2 中的两处标注为 8 的连接导线。

⑨ 如图 3-45-1 所示，9 号线涉及 SQ1 常闭触点、SQ3 常闭触点，具体接线实现见图 3-45-2 中的两处标注为 9 的连接导线。

⑩ 如图 3-45-1 所示，10 号线涉及 SQ4 常闭触点、KM2 常闭辅助触点，具体接线实现见图 3-45-2 中的两处标注为 10 的连接导线。

⑪ 如图 3-45-1 所示，11 号线涉及 SQ3 常闭触点、KM1 常闭辅助触点，具体接线实现见图 3-45-2 中的两处标注为 11 的连接导线。

⑫ 如图 3-45-1 所示，12 号线涉及 KM2 常闭辅助触点、KM1 线圈，具体接线实现见图 3-45-2 中的两处标注为 12 的连接导线。

⑬ 如图 3-45-1 所示，13 号线涉及 KM1 常闭辅助触点、KM2 线圈，具体接线实现见图 3-45-2 中的两处标注为 13 的连接导线。

⑭ 如图 3-45-1 所示，14 号线涉及 KM1 线圈、KM2 线圈、FU2，具体接线实现见图 3-45-2 中的三处标注为 14 的连接导线。

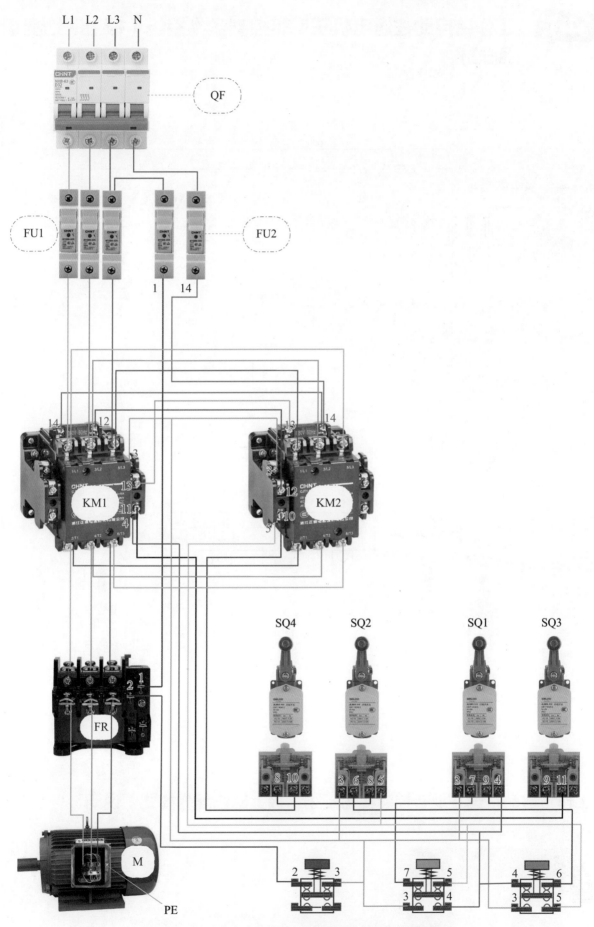

图3-45-2　工作台自动往返电机正反转控制电路实物接线图

46. 工作台自动往返电机正反转控制实物接线（板上明线配盘模式）

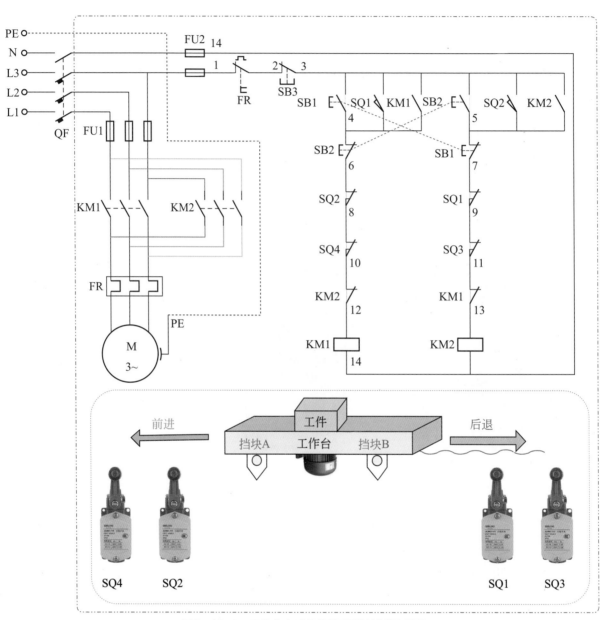

图3-46-1 工作台自动往返正反转控制原理图

工作台自动往返正反转控制实物接线（板上明线配盘模式）说明：

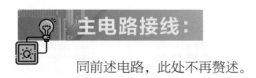

同前述电路，此处不再赘述。

152

控制电路接线：

① 如图 3-46-1 所示，连接熔断器 FU2 与热继电器 FR 的常闭触点标注为 1 的线我们称为 1 号线，具体接线实现见图 3-46-2 中的两处标注为 1 的连接导线。

② 如图 3-46-1 所示，2 号线连接热继电器 FR 与停止按钮 SB3，具体接线实现见图 3-46-2，热继电器常闭触点到端子排的硬线（铝塑线或者铜塑线等）和按钮出来的多芯软线经端子排相连。

③ 如图 3-46-1 所示，3 号线涉及正转启动按钮 SB1、反转启动按钮 SB2、停止按钮 SB3、接触器 KM1 自锁触点、接触器 KM2 自锁触点、行程开关 SQ1 常开触点、行程开关 SQ2 常开触点，具体接线实现见图 3-46-2，接触器自锁触点到端子排的硬线和按钮出来的软线经端子排相连。

④ 如图 3-46-1 所示，4 号线涉及接触器 KM1 自锁触点、SB1 常开触点、SB2 常闭触点、行程开关 SQ1 常开触点，具体接线实现见图 3-46-2，接触器到端子排的硬线和按钮出来的多芯软线经端子排相连。

⑤ 如图 3-46-1 所示，5 号线涉及接触器 KM2 自锁触点、SB2 常开触点、SB1 常闭触点、行程开关 SQ2 常开触点，具体接线实现见图 3-46-2，接触器到端子排的硬线和按钮出来的多芯软线经端子排相连。

⑥ 如图 3-46-1 所示，6 号线连接行程开关 SQ2 常闭触点和按钮 SB2 常闭触点，具体接线实现见图 3-46-2 中两处标注为 6 的连接导线。

⑦ 如图 3-46-1 所示，7 号线连接行程开关 SQ1 常闭触点和按钮 SB1 常闭触点，具体接线实现见图 3-46-2 中两处标注为 7 的连接导线。

⑧ 如图 3-46-1 所示，8 号线连接行程开关 SQ2 常闭触点和行程开关 SQ4 常闭触点，具体接线实现见图 3-46-2 中两处标注为 8 的连接导线。

⑨ 如图 3-46-1 所示，9 号线连接行程开关 SQ1 常闭触点和行程开关 SQ3 常闭触点，具体接线实现见图 3-46-2 中两处标注为 9 的连接导线。

⑩ 如图 3-46-1 所示，10 号线连接行程开关 SQ4 常闭触点和接触器 KM2 常闭辅助触点，具体接线实现见图 3-46-2，接触器 KM2 常闭辅助触点到端子排的硬线和行程开关出来的多芯软线经端子排相连。

⑪ 如图 3-46-1 所示，11 号线连接行程开关 SQ3 常闭触点和接触器 KM1 常闭辅助触点，具体接线实现见图 3-46-2，接触器 KM1 常闭辅助触点到端子排的硬线和行程开关出来的多芯软线经端子排相连。

⑫ 如图 3-46-1 所示，12 号线连接接触器 KM2 常闭辅助触点和接触器 KM1 线圈，具体接线实现见图 3-46-2 中两处标注为 12 的连接导线。

⑬ 如图 3-46-1 所示，13 号线连接接触器 KM1 常闭辅助触点和接触器 KM2 线圈，具体接线实现见图 3-46-2 中两处标注为 13 的连接导线。

⑭ 如图 3-46-1 所示，14 号线涉及接触器 KM1 线圈、接触器 KM2 线圈、熔断器 FU2，具体接线实现见图 3-46-2 中的三处标注为 14 的连接导线。

心得笔记

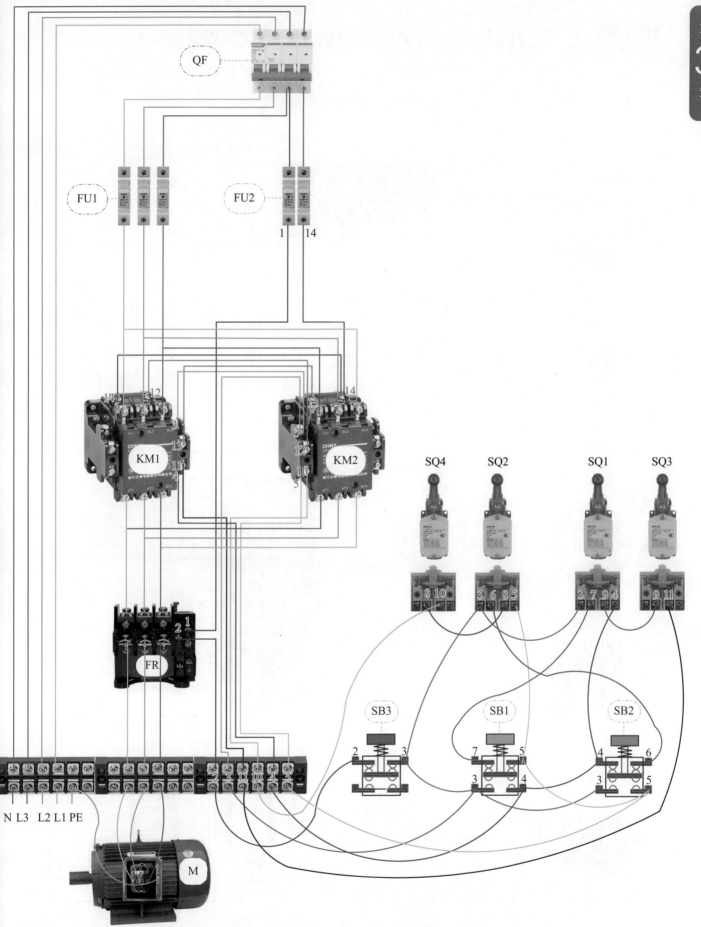

QF

FU1

FU2

1   14

14   12

13   14

KM1   KM2

SQ4   SQ2   SQ1   SQ3

13
11
4

3
12
10
5

8 10   3 6 8 5   3 7 9 4   9 11

FR

SB3   SB1   SB2

2   3   7   5   4   6

3   4   3   5

2 3 11 10 4 5

N L3 L2 L1 PE

M

图3-46-2　工作台自动往返正反转控制实物接线图（板上明线配盘模式）

PLC 实现的工作台自动往返电机正反转控制实物接线图如图 3-47-1 所示。

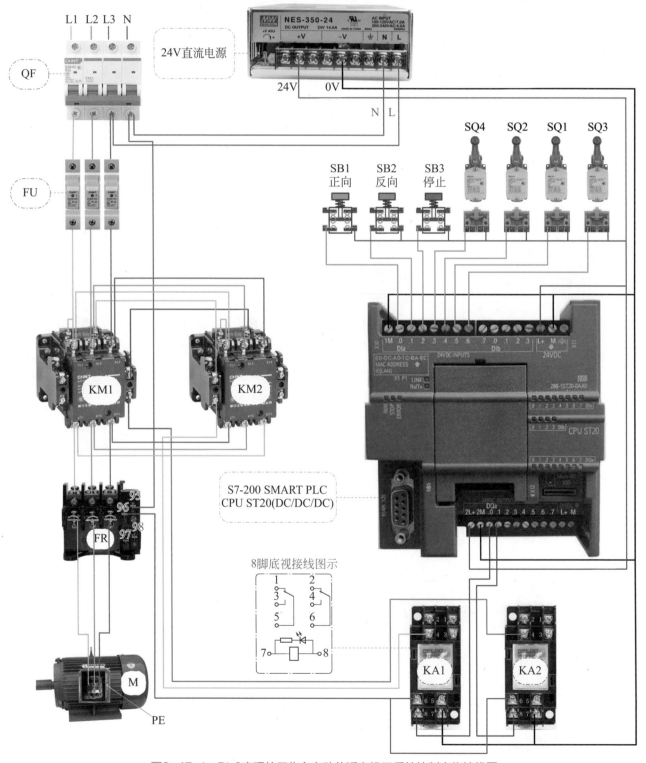

图3-47-1 PLC实现的工作台自动往返电机正反转控制实物接线图

① PLC电源接线：L+接直流电源24V，M接直流电源0V；2L+接直流电源24V，1M、2M接直流电源0V。

② PLC输入端子接线：电机M正转启动按钮SB1接I0.0，电机M反转启动按钮SB2接I0.1，电机M停止按钮SB3接I0.2；SQ4常开触点接I0.3，SQ2常开触点接I0.4，SQ1常开触点接I0.5，SQ3常开触点接I0.6。

③ PLC输出端子接线：Q0.0接中间继电器KA1的8号端子（线圈正极），Q0.1接中间继电器KA2的8号端子（线圈正极）。

④ 中间继电器KA1接线：8号端子（线圈正极）接PLC输出端Q0.0，7号端子（线圈负极）接直流电源0V，6号公共端接热继电器FR的常闭触点96号端子，4号端子经接触器KM2常闭触点后到达KM1线圈。

⑤ 中间继电器KA2接线：8号端子（线圈正极）接PLC输出端Q0.1，7号端子（线圈负极）接直流电源0V，6号公共端接热继电器FR的常闭触点96号端子，4号端子经接触器KM1常闭触点后到达KM2线圈。

⑥ 热继电器FR接线：FR的常闭触点95号端子接电源零线N，96号端子接中间继电器KA1、KA2的6号端子。

⑦ 按钮SB1 ～ SB3接线：均接常开触点，一端接直流电源24V，另一端接PLC输入端。

⑧ 行程开关SQ4、SQ2、SQ1、SQ3接线：均接常开触点，一端接直流电源24V，另一端接PLC输入端。

心得笔记

PLC实现的电机正反转控制原理说明：

① 按下正向启动按钮 SB1，I0.0 得电，Q0.0 得电并自锁，KA1 得电，KM1 得电，电机 M 得电启动，工作台正向运行；工作台正向运行至 SQ2 处，SQ2 常开触点闭合，I0.4 得电，Q0.0 失电，Q0.1 得电并自锁，KA2 得电，KM2 得电，电机 M 得电启动，工作台反向运行；当工作台运行至 SQ1 处时，SQ1 常开触点闭合，I0.3 得电，Q0.1 失电，Q0.0 得电并自锁，KA1 得电，KM1 得电，电机 M 得电启动，工作台正向运行。这样便实现了工作台的自动往返运行。

② 按下停止按钮 SB3，I0.2 得电，Q0.0 或 Q0.1 失电并解除自锁，电机 M 失电停止运行，工作台停止运行。

③ 工作台正向运行（Q0.0 得电）过程中，当工作台正向运行至 SQ2 处时，如果 SQ2 失灵，其常开触点没有闭合，则工作台继续前行至左限位保护 SQ4 处，SQ4 常开触点闭合，I0.3 得电，Q0.0 失电并解除自锁，电机 M 停止运行，工作台停止运行。这时通过按下反向启动按钮 SB2，工作台将反向运行。当工作台运行至 SQ2 和 SQ1 中间任意位置时，按下停止按钮 SB3，电机 M 失电停止运行，工作台停止运行。这时可对故障行程开关进行修复或者更换，然后再重新启动正向或反向按钮均可。SQ1 出现故障时情况类似，不再赘述。

④ 如出现过载情况，图 3-47-1 中热继电器 FR 常闭触点 95-96 将断开，使得中间继电器 KA1、KA2 线圈失电，进而接触器 KM1 或 KM2 均失电，电机 M 停止运行，工作台停止运行。排除过载故障后对热继电器进行复位，再重新启动工作台的往返运行。

注意事项： 最好将热继电器设为手动复位模式，在查明原因排除过载故障之前可不对热继电器 FR 进行复位操作，这样即便再按下启动按钮 SB1 或 SB2，由于热继电器 FR 常闭触点 95-96 仍处于断开状态，KM1 或 KM2 均不会得电，也就是说电机不会启动。这时可先按一下停止按钮 SB3，I0.2 得电，Q0.0 或 Q0.1 失电并解除自锁。在查明原因排除过载故障之后，对热继电器 FR 进行复位操作，热继电器 FR 常闭触点 95-96 恢复到闭合状态，为接触器 KM1 或 KM2 重新得电做好了准备。这时按下正向启动按钮 SB1，电机正向启动，工作台正向运行，或按下反向启动按钮 SB2，电机反向启动，并实现工作台的自动往返运行。

其他说明： 也可以将热继电器 FR 常开触点 97-98 像按钮的常开触点一样来控制 PLC 的输入 I0.7，实现类似停止按钮的功能，使 Q0.0、Q0.1 均失电并解除自锁，避免热继电器过载后，在自动复位情况下出现工作台自行启动运行的情况。还可以通过编程和外接过载指示灯实现过载指示等功能。

电气控制接线与 PLC 编程工程问题提示： 要实现较为理想的控制，既需要硬件接线设计时采用诸如硬件联锁等避免接触器同时得电的问题，也需要结合软硬件资源（比如 PLC 的 I/O 点数、热继电器的常开、常闭触点利用情况等，是否需要对电机过载或其他故障进行灯光或灯光闪烁报警或者声音提示报警等，当 PLC 点数没有余量，也可以通过利用热继电器的常开触点通过搭建辅助报警电路来实现过载报警等）编写符合控制要求的软程序，软硬件完美结合起来并考虑周全，才能够分析和解决工程实际问题。

工作台自动往返控制 PLC 程序如图 3-47-2 所示。

图3-47-2　工作台自动往返控制PLC程序

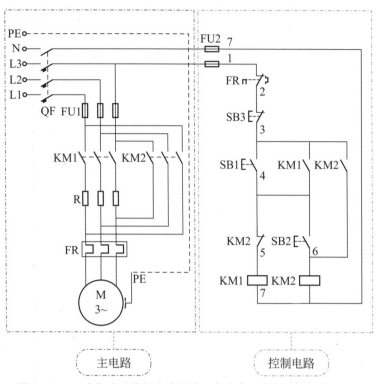

如图 3-48-1 所示：

合上电源开关 QF。

（1）电机降压启动

按下启动按钮 SB1，KM1 线圈得电并自锁，接触器 KM1 主触点闭合，电机 M 接通电源串电阻降压启动。

（2）电机全压运行

待电机启动好后，按下按钮 SB2，KM2 线圈得电并自锁，KM2 常闭触点断开，使得 KM1 线圈失电，KM1 主触点断开，切除串联的电阻，KM2 主触点闭合，电机接通电源全压启动。

图3-48-1　电机定子绕组串电阻降压启动（手动控制）电路原理图

（3）停止

按下停止按钮 SB3，KM2（或 KM1）主触点和辅助触点分断→电机 M 失电停转。

总结： 定子回路串电阻降压启动是指在电机启动时，将电阻串接在电机定子绕组与电源之间，通过电阻的分压作用来降低定子绕组上的启动电压，待电机启动后，再将电阻短接，使电机在额定电压下正常运行。串电阻降压启动的缺点是减少了电机的启动转矩，同时启动时在电阻上的功率消耗也较大，如果启动频繁，则电阻的温度很高，对于精密的机床会产生一定影响，故这种降压启动方法在生产实际中的应用正逐步减少。

从电路的工作原理看，待电机启动后，再通过手动控制将电阻短接，使电机在额定电压下正常运行。

主电路接线说明：

电阻串接在接触器 KM1 与热继电器之间，其余同前述主电路类似，不再赘述。

控制电路接线：

① 如图 3-48-1 所示，1 号线涉及 FU2、FR，具体接线实现见图 3-48-2 中的两处标注为 1 的连接导线。

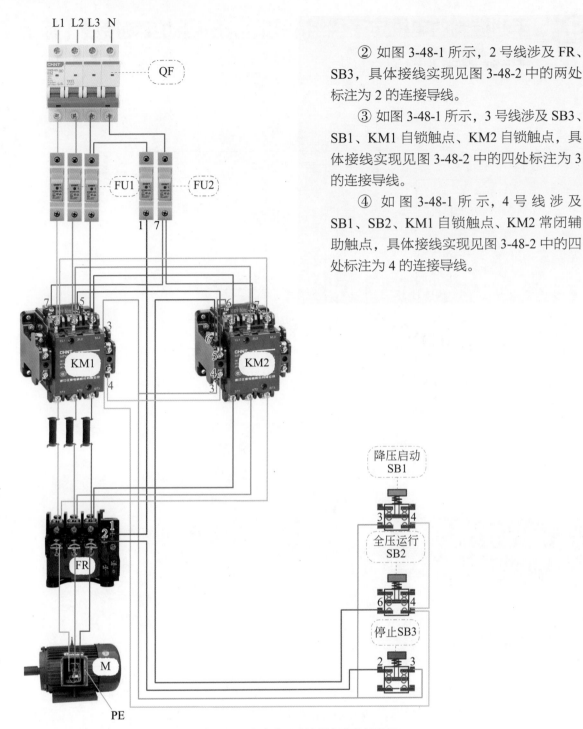

② 如图 3-48-1 所示，2 号线涉及 FR、SB3，具体接线实现见图 3-48-2 中的两处标注为 2 的连接导线。

③ 如图 3-48-1 所示，3 号线涉及 SB3、SB1、KM1 自锁触点、KM2 自锁触点，具体接线实现见图 3-48-2 中的四处标注为 3 的连接导线。

④ 如图 3-48-1 所示，4 号线涉及 SB1、SB2、KM1 自锁触点、KM2 常闭辅助触点，具体接线实现见图 3-48-2 中的四处标注为 4 的连接导线。

图3-48-2　电机定子绕组串电阻降压启动（手动控制）实物接线图

⑤ 如图 3-48-1 所示，5 号线涉及 KM2 常闭辅助触点、KM1 线圈，具体接线实现见图 3-48-2 中的两处标注为 5 的连接导线。

⑥ 如图 3-48-1 所示，6 号线涉及 SB2、KM2 线圈、KM2 自锁触点，具体接线实现见图 3-48-2 中的三处标注为 6 的连接导线。

⑦ 如图 3-48-1 所示，7 号线涉及 KM1 线圈、KM2 线圈、FU2，具体接线实现见图 3-48-2 中的三处标注为 7 的连接导线。

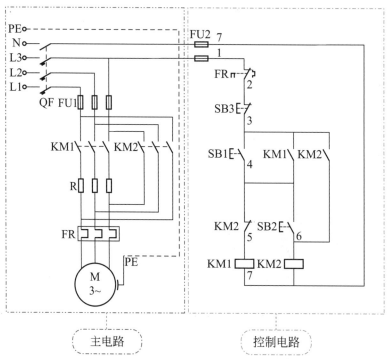

图3-49-1　电机定子绕组串电阻降压启动（手动控制）电路原理图

主电路接线说明：

同前述电路，此处不再赘述。

控制电路接线：

① 如图 3-49-1 所示，连接熔断器 FU2 与热继电器 FR 的常闭触点标注为 1 的线我们称为 1 号线，具体接线实现见图 3-49-2 中的两处标注为 1 的连接导线。

② 如图 3-49-1 所示，2 号线连接热继电器 FR 与停止按钮 SB3，具体接线实现见图 3-49-2，热继电器常闭触点到端子排的硬线（铝塑线或者铜塑线等）和按钮出来的多芯软线经端子排相连。

③ 如图 3-49-1 所示，3 号线涉及停止按钮 SB3、启动按钮 SB1、接触器 KM1 自锁触点、接触器 KM2 自锁触点，具体接线实现见图 3-49-2，接触器自锁触点到端子排的硬线和按钮出来的软线经端子排相连。

④ 如图 3-49-1 所示，4 号线涉及接触器 KM1 自锁触点、接触器 KM2 常闭辅助触点、按钮 SB1、按钮 SB2，具体接线实现见图 3-49-2，接触器到端子排的硬线和按钮出来的多芯软线经端子排相连。

⑤ 如图 3-49-1 所示，5 号线涉及接触器 KM1 线圈、接触器 KM2 常闭辅助触点，具体接线实现见图 3-49-2 中两处标注为 5 的连接导线。

⑥ 如图 3-49-1 所示，6 号线涉及接触器 KM2 线圈和 KM2 自锁触点、按钮 SB2，具体接线实现见图 3-49-2，接触器到端子排的硬线和按钮出来的多芯软线经端子排相连。

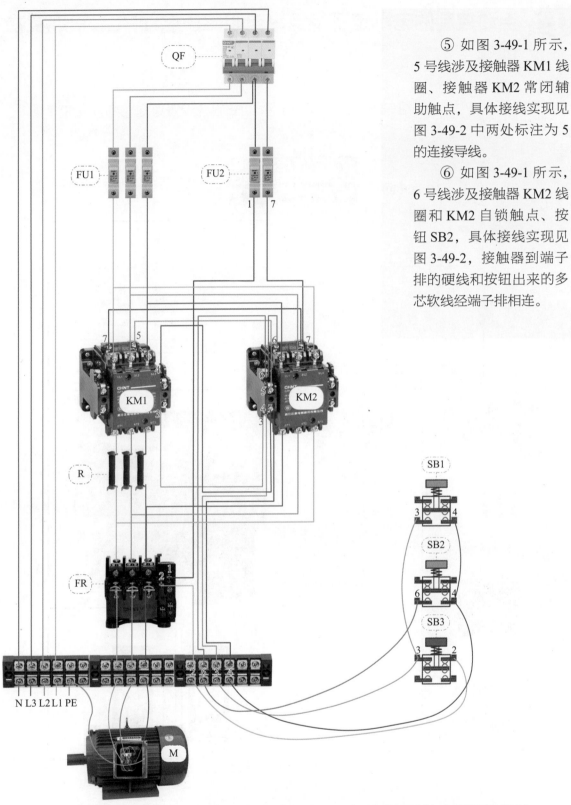

图3-49-2　电机定子绕组串电阻降压启动（手动控制）实物接线图（板上明线配盘模式）

⑦ 如图 3-49-1 所示，7 号线涉及接触器 KM1 线圈、接触器 KM2 线圈、熔断器 FU2，具体接线实现见图 3-49-2 中的三处标注为 7 的连接导线。

PLC 实现的电机定子绕组串电阻降压启动（手动控制）实物接线图如图 3-50-1 所示。

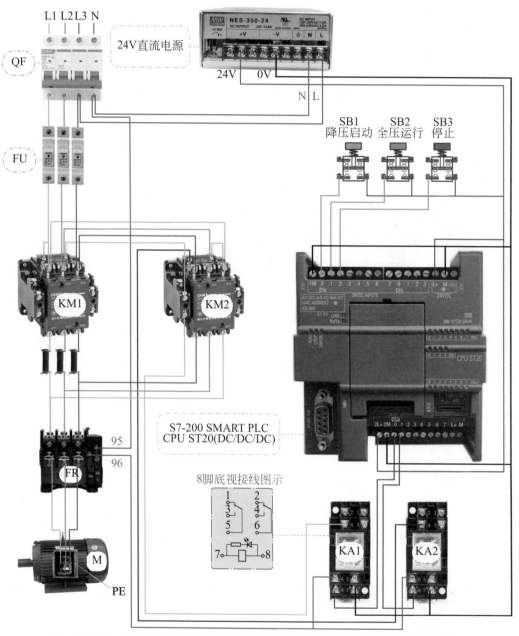

图3-50-1　PLC实现的电机定子绕组串电阻降压启动（手动控制）实物接线图

PLC实现的电机定子绕组串电阻降压启动（手动控制）实物接线说明：

如图 3-50-1 所示。

① PLC 电源接线：L+ 接直流电源 24V，M 接直流电源 0V；2L+ 接直流电源 24V，1M、2M 接直流电源 0V。

② PLC 输入端子接线：电机 M 降压启动按钮 SB1 接 I0.0，电机 M 全压运行按钮 SB2 接 I0.1，电机 M 停止按钮 SB3 接 I0.2。

③ PLC 输出端子接线：Q0.0 接中间继电器 KA1 的 8 号端子（线圈正极），Q0.1 接中间继电器 KA2 的 8 号端子（线圈正极）。

④ 中间继电器 KA1 接线：8 号端子（线圈正极）接 PLC 输出端 Q0.0，7 号端子（线圈负极）接直流电源 0V，6 号公共端接热继电器 FR 的常闭触点 96 号端子，4 号端子经接触器 KM2 常闭触点后到达 KM1 线圈。

⑤ 中间继电器 KA2 接线：8 号端子（线圈正极）接 PLC 输出端 Q0.1，7 号端子（线圈负极）接直流电源 0V，6 号公共端接热继电器 FR 的常闭触点 96 号端子，4 号端子接 KM2 线圈。

⑥ 热继电器 FR 接线：FR 的常闭触点 95 号端子接电源零线 N，96 号端子接中间继电器 KA1、KA2 的 6 号端子。

⑦ 按钮 SB1 ~ SB3 接线：均接常开触点，一端接直流电源 24V，另一端接 PLC 输入端。

电机定子绕组串电阻降压启动（手动控制）PLC 程序如图 3-50-2 所示。

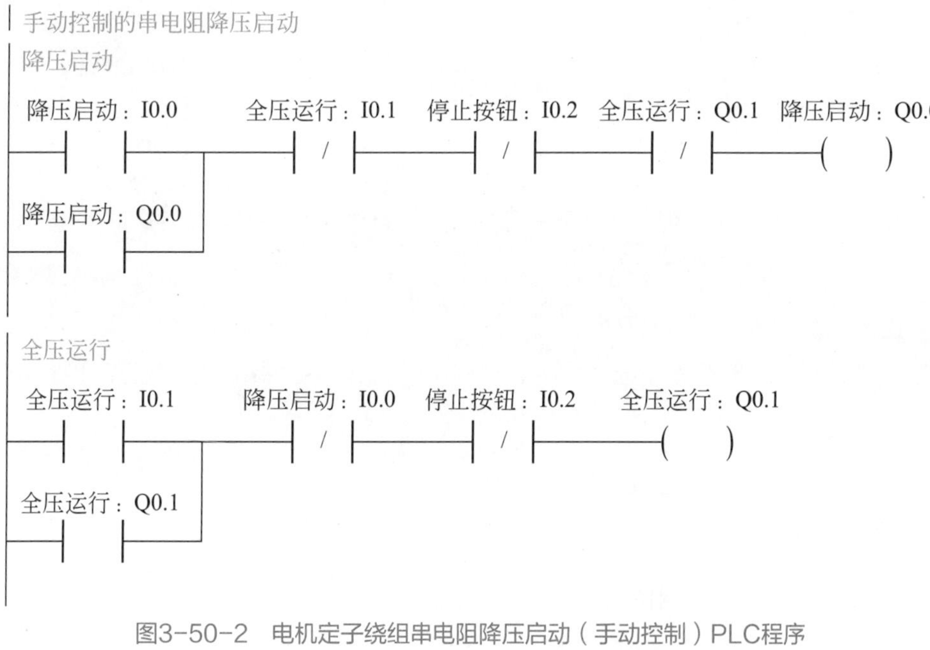

图3-50-2　电机定子绕组串电阻降压启动（手动控制）PLC程序

PLC实现的手动控制电机串电阻降压启动说明：

① 按下降压启动按钮 SB1，I0.0=ON，Q0.0 得电并自锁，中间继电器 KA1 得电，接触器 KM1 线圈得电，电机串电阻降压启动运转。

② 按下全压运行按钮 SB2，I0.1=ON，Q0.0 失电并解除自锁，Q0.1 得电并自锁，中间继电器 KA2 得电，接触器 KM2 线圈得电，电机全压运转。

③ 无论电机处于什么运行状态，当按下停止按钮 SB3 时，I0.2=ON，输出线圈 Q0.0、Q0.1 的状态都变为 OFF，各接触器常开触点均断开，电机将停止运行。

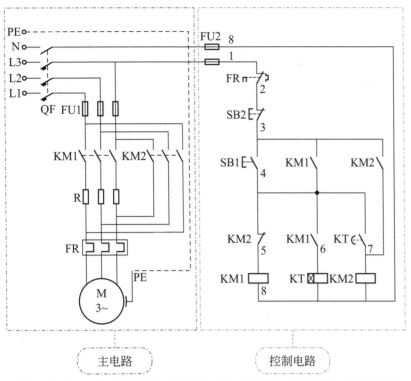

图3-51-1 电机定子绕组串电阻降压启动（时间继电器控制）电路原理图

如图 3-51-1 所示：

合上电源开关 QF。

（1）电机降压启动

按下 SB1，KM1 线圈得电并自锁，接触器 KM1 主触点闭合，电机 M 接通电源降压启动。

（2）电机全压运行

接触器 KM1 线圈得电，其常开辅助触点 KM（4-6）闭合，通电延时继电器 KT 线圈得电开始计时，计时时间到，时间继电器辅助常开触点 KT（4-7）闭合，KM2 线圈得电并自锁，KM2 常闭触

点断开，使得 KM1 线圈及时间继电器 KT 线圈失电，KM1 主触点断开，切除串联的电阻，KM2 主触点闭合，电机接通电源全压运行。

（3）停止

按下停止按钮 SB2，整个控制电路失电，KM2（或 KM1）主触点和辅助触点分断→电机 M 失电停转。

主电路接线说明：

同前述手动控制定子绕组串电阻降压启动主电路类似，不再赘述。

控制电路接线：

① 如图 3-51-1 所示，1 号线涉及 FU2、FR，具体接线实现见图 3-51-2 中的两处标注为 1 的连接导线。

② 如图 3-51-1 所示，2 号线涉及 FR、SB2，具体接线实现见图 3-51-2 中的两处标注为 2 的连接导线。

③ 如图 3-51-1 所示，3 号线涉及 SB2、SB1、KM1 自锁触点、KM2 自锁触点，具体接线实现见图 3-51-2 中的四处标注为 3 的连接导线。

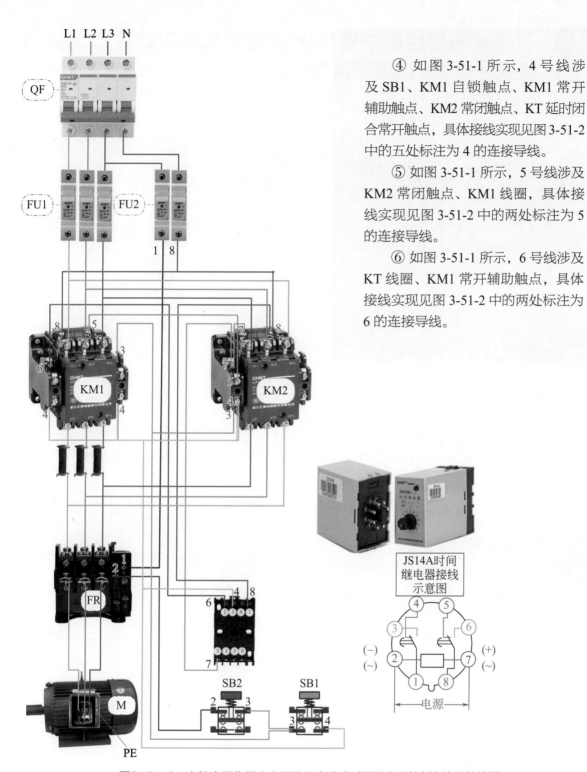

④ 如图 3-51-1 所示，4 号线涉及 SB1、KM1 自锁触点、KM1 常开辅助触点、KM2 常闭触点、KT 延时闭合常开触点，具体接线实现见图 3-51-2 中的五处标注为 4 的连接导线。

⑤ 如图 3-51-1 所示，5 号线涉及 KM2 常闭触点、KM1 线圈，具体接线实现见图 3-51-2 中的两处标注为 5 的连接导线。

⑥ 如图 3-51-1 所示，6 号线涉及 KT 线圈、KM1 常开辅助触点，具体接线实现见图 3-51-2 中的两处标注为 6 的连接导线。

图3-51-2 电机定子绕组串电阻降压启动（时间继电器控制）实物接线图

⑦ 如图 3-51-1 所示，7 号线涉及 KT 延时闭合常开触点、KM2 线圈、KM2 自锁触点，具体接线实现见图 3-51-2 中的三处标注为 7 的连接导线。

⑧ 如图 3-51-1 所示，8 号线涉及 KM1 线圈、KT 线圈、KM2 线圈、FU2，具体接线实现见图 3-51-2 中的四处标注为 8 的连接导线。

167

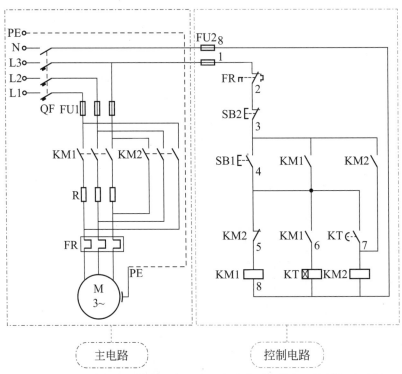

图3-52-1　电机定子绕组串电阻降压启动（时间继电器控制）原理图

主电路接线说明：

同前述电路，此处不再赘述。

控制电路接线：

① 如图 3-52-1 所示，连接熔断器 FU2 与热继电器 FR 的常闭触点标注为 1 的线我们称为 1 号线，具体接线实现见图 3-52-2 中的两处标注为 1 的连接导线。

② 如图 3-52-1 所示，2 号线连接热继电器 FR 与停止按钮 SB2，具体接线实现见图 3-52-2，热继电器常闭触点到端子排的硬线（铝塑线或者铜塑线等）和按钮出来的多芯软线经端子排相连。

③ 如图 3-52-1 所示，3 号线涉及停止按钮 SB2、启动按钮 SB1、接触器 KM1 自锁触点、接触器 KM2 自锁触点，具体接线实现见图 3-52-2，接触器自锁触点到端子排的硬线和按钮出来的软线经端子排相连。

④ 如图 3-52-1 所示，4 号线涉及接触器 KM1 自锁触点和 KM1 常开辅助触点、接触器 KM2 常闭辅助触点、时间继电器 KT 延时闭合常开触点、启动按钮 SB1，具体接线实现见图 3-52-2，时间继电器 KT 到端子排的硬线和按钮出来的多芯软线经端子排相连。

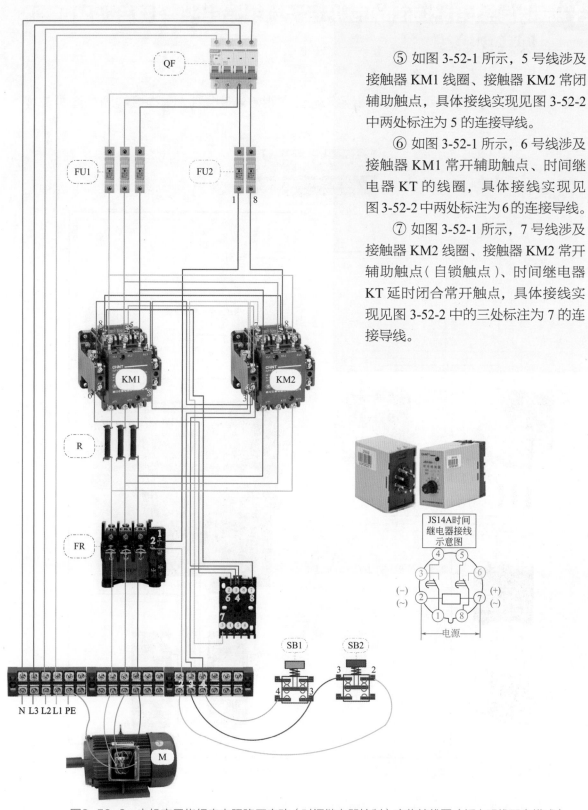

⑤ 如图 3-52-1 所示，5 号线涉及接触器 KM1 线圈、接触器 KM2 常闭辅助触点，具体接线实现见图 3-52-2 中两处标注为 5 的连接导线。

⑥ 如图 3-52-1 所示，6 号线涉及接触器 KM1 常开辅助触点、时间继电器 KT 的线圈，具体接线实现见图 3-52-2 中两处标注为 6 的连接导线。

⑦ 如图 3-52-1 所示，7 号线涉及接触器 KM2 线圈、接触器 KM2 常开辅助触点（自锁触点）、时间继电器 KT 延时闭合常开触点，具体接线实现见图 3-52-2 中的三处标注为 7 的连接导线。

图3-52-2　电机定子绕组串电阻降压启动（时间继电器控制）实物接线图（板上明线配盘模式）

⑧ 如图 3-52-1 所示，8 号线涉及接触器 KM1 线圈、接触器 KM2 线圈、时间继电器 KT 线圈、熔断器 FU2，具体接线实现见图 3-52-2 中的四处标注为 8 的连接导线。

时间继电器控制的电机定子绕组串电阻降压启动PLC实现实物接线

PLC实现的电机定子绕组串电阻降压启动（时间继电器控制）实物接线图如图3-53-1所示。

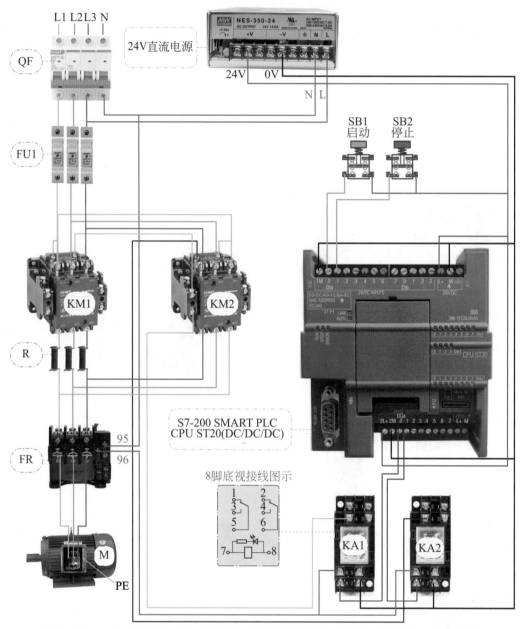

图3-53-1　PLC实现的电机定子绕组串电阻降压启动（时间继电器控制）实物接线图

PLC实现的电机定子绕组串电阻降压启动（时间继电器控制）实物接线说明：

如图 3-53-1 所示。

① PLC 电源接线：L+ 接直流电源 24V，M 接直流电源 0V；2L+ 接直流电源 24V，1M、2M 接直流电源 0V。

② PLC 输入端子接线：电机 M 降压启动按钮 SB1 接 I0.0，电机 M 停止按钮 SB2 接 I0.1。

③ PLC 输出端子接线：Q0.0 接中间继电器 KA1 的 8 号端子（线圈正极），Q0.1 接中间继电器 KA2 的 8 号端子（线圈正极）。

④ 中间继电器 KA1 接线：8 号端子（线圈正极）接 PLC 输出端 Q0.0，7 号端子（线圈负极）接直流电源 0V，6 号公共端接热继电器 FR 的常闭触点 96 号端子，4 号端子经接触器 KM2 常闭触点后到达 KM1 线圈。

⑤ 中间继电器 KA2 接线：8 号端子（线圈正极）接 PLC 输出端 Q0.1，7 号端子（线圈负极）接直流电源 0V，6 号公共端接热继电器 FR 的常闭触点 96 号端子，4 号端子接 KM2 线圈。

⑥ 热继电器 FR 接线：FR 的常闭触点 95 号端子接电源零线 N，96 号端子接中间继电器 KA1、KA2 的 6 号端子。

⑦ 按钮 SB1、SB2 接线：均接常开触点，一端接直流电源 24V，另一端接 PLC 输入端。

电机定子绕组串电阻降压启动（时间继电器控制）PLC 程序如图 3-53-2 所示。

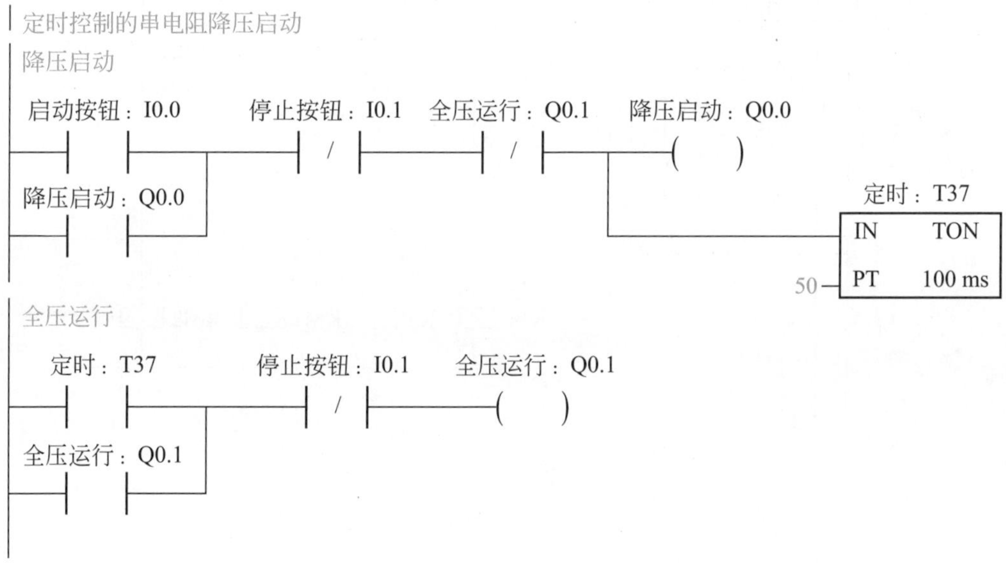

图3-53-2 电机定子绕组串电阻降压启动（时间继电器控制）PLC程序

PLC实现的电机定子绕组串电阻降压启动（时间继电器控制）说明：

① 按下启动按钮 SB1，I0.0=ON，Q0.0 得电并自锁，同时定时器 T37 开始计时，中间继电器 KA1 得电，接触器 KM1 线圈得电，电机串电阻降压启动运转。

② 定时时间 5s 到，T37 常开触点闭合，Q0.1 得电并自锁，Q0.0 失电，中间继电器 KA1 失电，KM1 线圈失电，Q0.1 得电，使得中间继电器 KA2 得电，接触器 KM2 线圈得电，电机全压运转。

③ 按下停止按钮 SB2，I0.1=ON，输出线圈 Q0.0、Q0.1 的状态都变为 OFF，各接触器线圈失电，常开触点恢复断开，电机停止运行。

电机 Y- △降压启动（时间继电器控制）电路原理图及主电路实物接线图如图 3-54-1、图 3-54-2 所示。

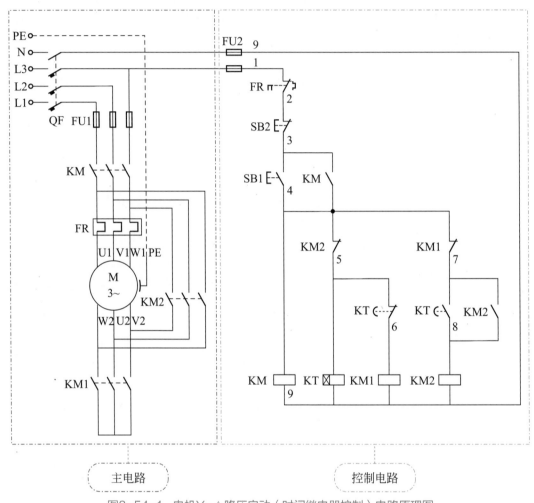

图3-54-1 电机Y-△降压启动（时间继电器控制）电路原理图

电机绕组的星形接法（Y 接）如图 3-54-3 所示；电机绕组的三角形接法（△接）如图 3-54-4 所示。

主电路分析：

① 接触器 KM1 主触点闭合，可使电机接线盒的 W2、U2、V2 短接，实现电机定子绕组的星形连接。

② 接触器 KM 主触点闭合，可使电机接线盒的 U1、V1、W1 接通电源，实现电机的供电。

③ 接触器 KM2 主触点闭合，可使电机接线盒的 U1 接通 W2、V1 接通 U2、W1 接通 V2，实现电机定子绕组的三角形连接。

注意： 从主电路来看，如果 KM1、KM2 同时得电，则会造成三相电源 L1、L2、L3 短路，因此在控制电路设计时一定要考虑接触器 KM1、KM2 间的互锁。

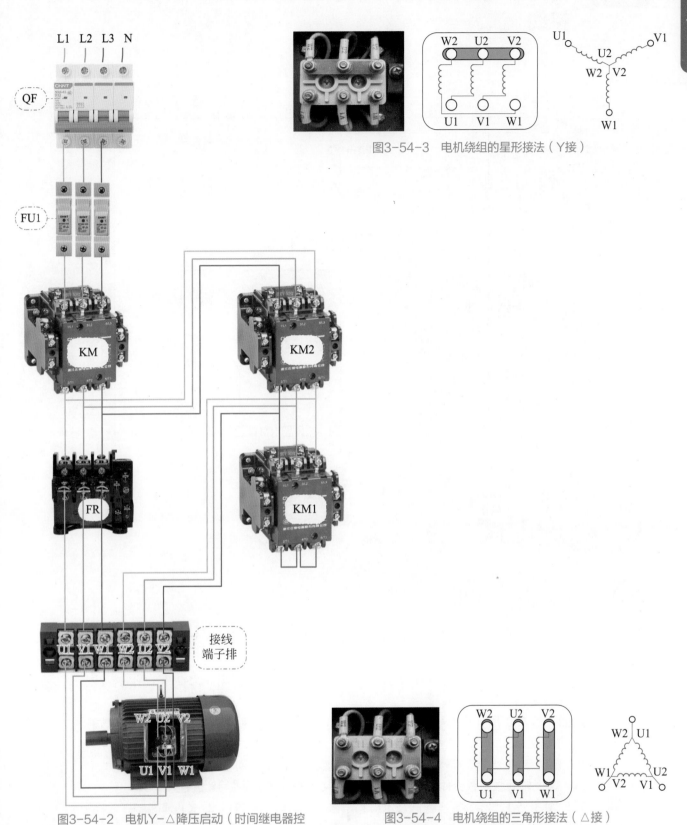

L1 L2 L3 N

QF

FU1

KM

KM2

KM1

FR

接线
端子排

图3-54-2 电机Y-△降压启动（时间继电器控
制）电路主电路实物接线图

图3-54-3 电机绕组的星形接法（Y接）

W2 U2 V2

U1 V1 W1

U1 · V1

U2 · V2

W2 · W1

图3-54-4 电机绕组的三角形接法（△接）

W2 U2 V2

U1 V1 W1

W2 U1

W1 U2

V2 V1

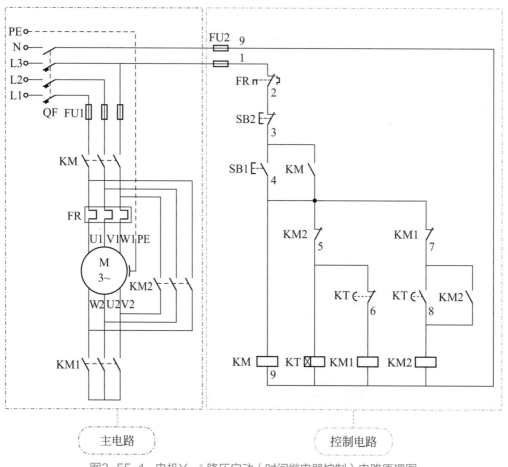

图3-55-1 电机Y-△降压启动（时间继电器控制）电路原理图

控制电路接线：

① 如图 3-55-1 所示，1 号线涉及 FU2、FR，具体接线实现见图 3-55-2 中的两处标注为 1 的连接导线。

② 如图 3-55-1 所示，2 号线涉及 FR、SB2，具体接线实现见图 3-55-2 中的两处标注为 2 的连接导线。

③ 如图 3-55-1 所示，3 号线涉及 SB2、SB1、KM 自锁触点，具体接线实现见图 3-55-2 中的三处标注为 3 的连接导线。

④ 如图 3-55-1 所示，4 号线涉及 SB1、KM 线圈、KM 自锁触点、KM2 常闭辅助触点、KM1 常闭辅助触点，具体接线实现见图 3-55-2 中的五处标注为 4 的连接导线。

⑤ 如图 3-55-1 所示，5 号线涉及 KM2 常闭辅助触点、KT 线圈、KT 延时断开常闭辅助触点，具体接线实现见图 3-55-2 中的三处标注为 5 的连接导线。

⑥ 如图 3-55-1 所示，6 号线涉及 KT 延时断开常闭辅助触点、KM1 线圈，具体接线实现见图 3-55-2 中的两处标注为 6 的连接导线。

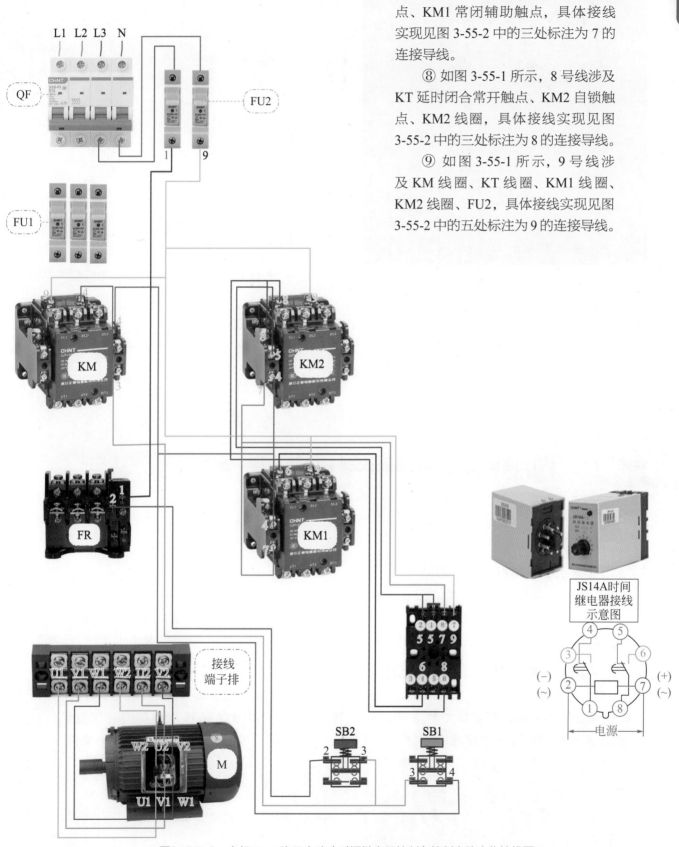

⑦ 如图 3-55-1 所示，7 号线涉及 KT 延时闭合常开触点、KM2 自锁触点、KM1 常闭辅助触点，具体接线实现见图 3-55-2 中的三处标注为 7 的连接导线。

⑧ 如图 3-55-1 所示，8 号线涉及 KT 延时闭合常开触点、KM2 自锁触点、KM2 线圈，具体接线实现见图 3-55-2 中的三处标注为 8 的连接导线。

⑨ 如图 3-55-1 所示，9 号线涉及 KM 线圈、KT 线圈、KM1 线圈、KM2 线圈、FU2，具体接线实现见图 3-55-2 中的五处标注为 9 的连接导线。

图3-55-2　电机Y-△降压启动（时间继电器控制）控制电路实物接线图

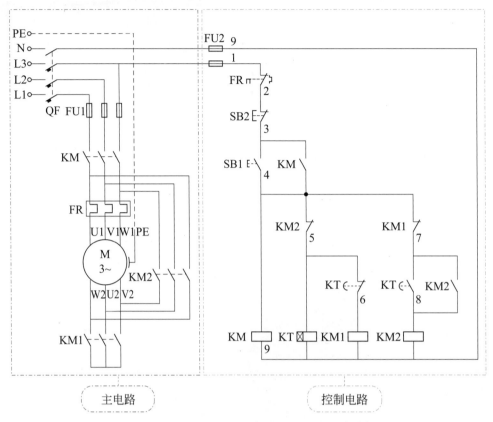

主电路 控制电路

图3-56-1 电机Y-△降压启动（时间继电器控制）电路原理图

电机 Y- △降压启动（时间继电器控制）电路原理说明：

如图 3-56-1 所示。

合上电源开关 QF。

（1）电机星形接法（Y接）降压启动

按下 SB1，KM 线圈得电并自锁，同时 KM1 线圈和时间继电器 KT 线圈得电，接触器 KM1 主触点闭合，使得 W2、U2、V2 短接，电机绕组连接成星形（Y形），接触器 KM 主触点得电，使电机接线盒的 U1、V1、W1 接通电源，电机 M 以星形接法降压启动，KT 线圈得电，开始计时。

（2）电机三角形接法（△接）全压运行

时间继电器设定时间到，其延时闭合常开触点闭合，延时断开常闭触点断开，使 KM1 线圈失电，KM2 线圈得电并自锁，接触器 KM1 主触点断开，使 W2、U2、V2 解除短接，接触器 KM2 主触点得电，使电机接线盒的 W2 接通 U1、U2 接通 V1、V2 接通 W1，电机 M 定子绕组接成三角形接法，KM 主触点继续保持闭合状态，电机接通电源全压运行。

（3）停止

按下停止按钮 SB2，整个控制电路失电，KM、KM2（或 KM1）主触点和辅助触点分断→电机 M 失电停转。

Y-△降压启动（时间继电器控制）电路实物接线说明：

主电路接线说明：

如图 3-56-2 所示，同前述电路类似，不再赘述。

控制电路接线：

① 如图 3-56-1 所示，1 号线涉及 FU2、FR，具体接线实现见图 3-56-2 中的两处标注为 1 的连接导线。

② 如图 3-56-1 所示，2 号线涉及 FR、SB2，具体接线实现见图 3-56-2 中的两处标注为 2 的连接导线。

③ 如图 3-56-1 所示，3 号线涉及 SB2、SB1、KM 自锁触点，具体接线实现见图 3-56-2 中的三处标注为 3 的连接导线。

④ 如图 3-56-1 所示，4 号线涉及 SB1、KM 线圈、KM 自锁触点、KM2 常闭辅助触点、KM1 常闭辅助触点，具体接线实现见图 3-56-2 中的五处标注为 4 的连接导线。

⑤ 如图 3-56-1 所示，5 号线涉及 KM2 常闭辅助触点、KT 线圈、KT 延时断开常闭辅助触点，具体接线实现见图 3-56-2 中的三处标注为 5 的连接导线。

⑥ 如图 3-56-1 所示，6 号线涉及 KT 延时断开常闭辅助触点、KM1 线圈，具体接线实现见图 3-56-2 中的两处标注为 6 的连接导线。

⑦ 如图 3-56-1 所示，7 号线涉及 KT 延时闭合常开触点、KM2 自锁触点、KM1 常闭辅助触点，具体接线实现见图 3-56-2 中的三处标注为 7 的连接导线。

⑧ 如图 3-56-1 所示，8 号线涉及 KT 延时闭合常开触点、KM2 自锁触点、KM2 线圈，具体接线实现见图 3-56-2 中的三处标注为 8 的连接导线。

⑨ 如图 3-56-1 所示，9 号线涉及 KM 线圈、KT 线圈、KM1 线圈、KM2 线圈、FU2，具体接线实现见图 3-56-2 中的五处标注为 9 的连接导线。

心得笔记

心得笔记

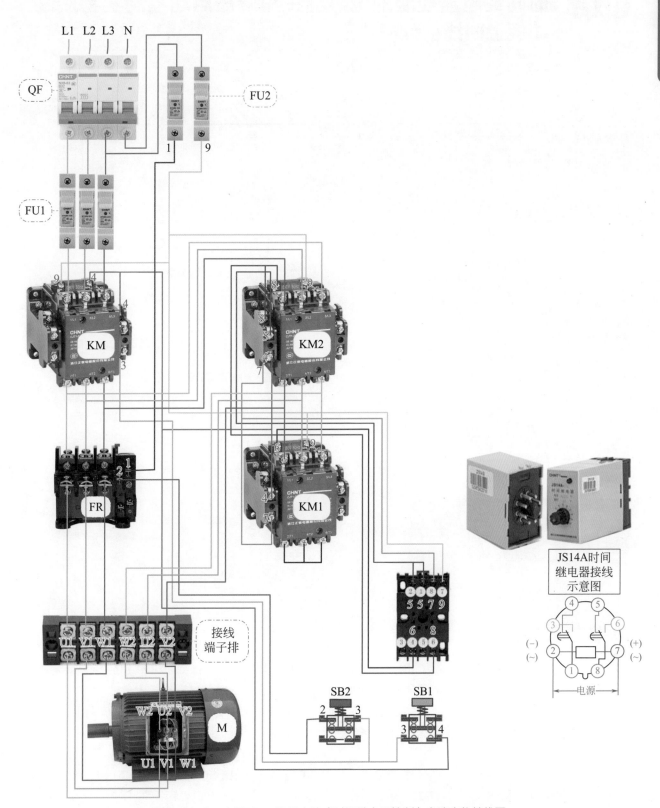

图3-56-2 电机Y-△降压启动（时间继电器控制）电路实物接线图

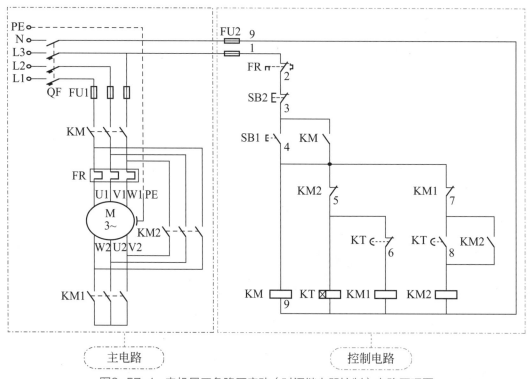

图3-57-1 电机星三角降压启动（时间继电器控制）电路原理图

主电路接线说明：

同前述电路，此处不再赘述。

控制电路接线：

① 如图 3-57-1 所示，连接熔断器 FU2 与热继电器 FR 的常闭触点标注为 1 的线我们称为 1 号线，具体接线实现见图 3-57-2 中的两处标注为 1 的连接导线。

② 如图 3-57-1 所示，2 号线连接热继电器 FR 与停止按钮 SB2，具体接线实现见图 3-57-2，热继电器常闭触点到端子排的硬线（铝塑线或者铜塑线等）和按钮出来的多芯软线经端子排相连。

③ 如图 3-57-1 所示，3 号线涉及停止按钮 SB2、启动按钮 SB1、接触器 KM 自锁触点，具体接线实现见图 3-57-2，接触器 KM 自锁触点到端子排的硬线和按钮出来的软线经端子排相连。

④ 如图 3-57-1 所示，4 号线涉及接触器 KM 线圈、接触器 KM 自锁触点、接触器 KM2 常闭辅助触点、接触器 KM1 常闭辅助触点、启动按钮 SB1，具体接线实现见图 3-57-2，接触器到端子排的硬线和按钮出来的多芯软线经端子排相连。

⑤ 如图 3-57-1 所示，5 号线涉及接触器 KM2 常闭辅助触点、时间继电器 KT 线圈、时间继电器 KT 延时断开常闭触点，具体接线实现见图 3-57-2 中的三处标注为 5 的连接导线。

⑥ 如图 3-57-1 所示，6 号线涉及接触器 KM1 线圈、时间继电器 KT 延时断开常闭触点，具体接线实现见图 3-57-2 中两处标注为 6 的连接导线。

⑦ 如图 3-57-1 所示，7 号线涉及时间继电器 KT 延时闭合常开触点、接触器 KM2 常开辅助触点、接触器 KM1 常闭辅助触点，具体接线实现见图 3-57-2 中三处标注为 7 的连接导线。

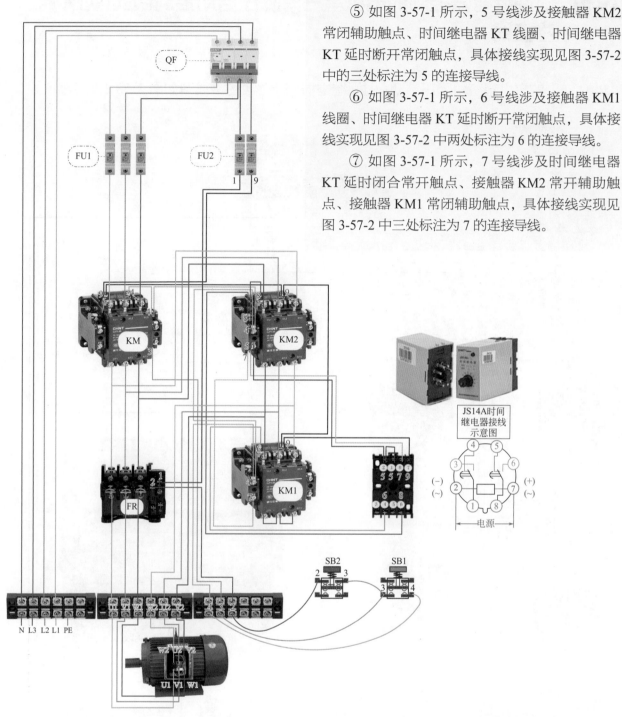

图3-57-2　电机星三角降压启动（时间继电器控制）实物接线图（板上明线配盘模式）

⑧ 如图 3-57-1 所示，8 号线涉及接触器 KM2 线圈、接触器 KM2 常开辅助触点（自锁触点）、时间继电器 KT 延时闭合常开触点，具体接线实现见图 3-57-2 中的三处标注为 8 的连接导线。

⑨ 如图 3-57-1 所示，9 号线涉及接触器 KM 线圈、时间继电器 KT 线圈、接触器 KM1 线圈、接触器线圈 KM2 线圈、熔断器 FU2，具体接线实现见图 3-57-2 中的五处标注为 9 的连接导线。

PLC 实现的电机星三角降压启动（时间继电器控制）实物接线图如图 3-58-1 所示。

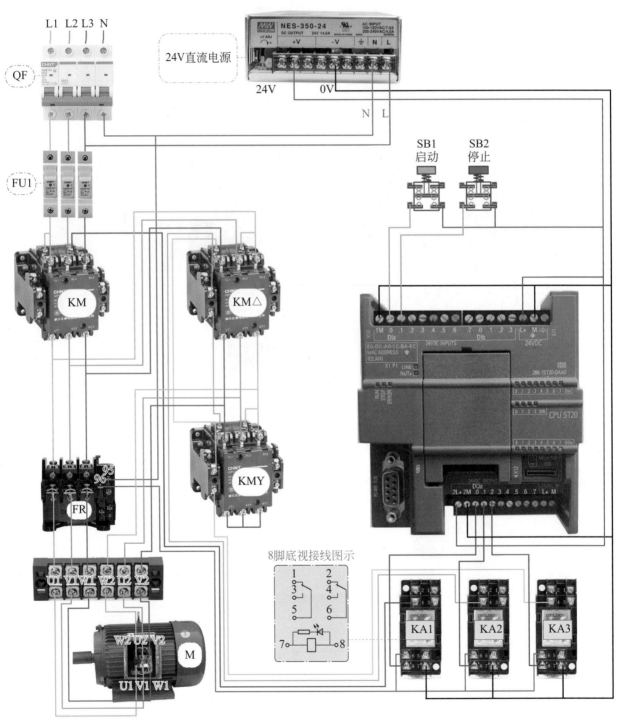

图3-58-1　PLC实现的电机星三角降压启动（时间继电器控制）实物接线图

① PLC 电源接线：L+ 接直流电源 24V，M 接直流电源 0V；2L+ 接直流电源 24V，1M、2M 接直流电源 0V。

② PLC 输入端子接线：电机 M 降压启动按钮 SB1 接 I0.0，电机 M 停止按钮 SB2 接 I0.1。

③ PLC 输出端子接线：Q0.0 接中间继电器 KA1 的 8 号端子（线圈正极），Q0.1 接中间继电器 KA2 的 8 号端子（线圈正极），Q0.2 接中间继电器 KA3 的 8 号端子（线圈正极）。

④ 中间继电器 KA1 接线：8 号端子（线圈正极）接 PLC 输出端 Q0.0，7 号端子（线圈负极）接直流电源 0V，6 号公共端接热继电器 FR 的常闭触点 96 号端子，4 号端子接接触器 KM 线圈。

⑤ 中间继电器 KA2 接线：8 号端子（线圈正极）接 PLC 输出端 Q0.1，7 号端子（线圈负极）接直流电源 0V，6 号公共端接热继电器 FR 的常闭触点 96 号端子，4 号端子经接触器 KM△ 常闭触点后接 KMY 线圈。

⑥ 中间继电器 KA3 接线：8 号端子（线圈正极）接 PLC 输出端 Q0.2，7 号端子（线圈负极）接直流电源 0V，6 号公共端接热继电器 FR 的常闭触点 96 号端子，4 号端子经接触器 KMY 常闭触点后接 KM△ 线圈。

⑦ 热继电器 FR 接线：FR 的常闭触点 95 号端子接电源零线 N，96 号端子接中间继电器 KA1、KA2、KA3 的 6 号端子。

⑧ 按钮 SB1、SB2 接线：均接常开触点，一端接直流电源 24V，另一端接 PLC 输入端。

心得笔记

电机星三角降压启动（时间继电器控制）PLC 程序如图 3-58-2 所示。

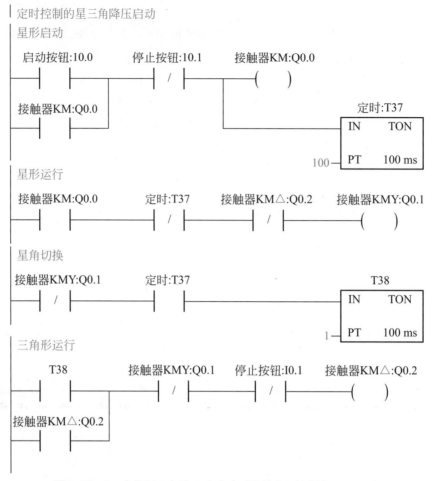

图3-58-2　电机星三角降压启动（时间继电器控制）PLC程序

控制要求：

三相交流异步电机启动时电流较大，一般为额定电流的 4 ~ 7 倍。为了减小启动电流对电网的影响，采用星 - 三角形降压启动方式。

星 - 三角形降压启动过程：合上开关后，电机接通电源接触器和电机星形连接接触器先启动，10s（可根据需要进行适当调整）延时后，星形降压方式启动接触器断开，再经过 0.1s 延时后将三角形正常运行接触器接通，电机主电路接成三角形接法，正常运行。采用两级延时的目的是确保星形降压方式启动接触器完全断开后才去接通三角形正常运行接触器。

程序说明：

① 按下启动按钮 I0.0，I0.0=ON，Q0.0=ON 并自锁，KA1 得电，电机启动接触器 KM 接通，同时 T37 计时器开始计时。在 10s 到来之前，T37=OFF，Q0.2=OFF，所以 Q0.1=ON，KA2 得电，星形降压方式启动接触器 KMY 接通，电机以星形接法启动运转。

② 10s 后，T37 计时器到达预设值，T37=ON，Q0.1=OFF，Q0.1 常闭触点闭合，T38 计时器计时开始。0.1s 后，T38 计时器到达预设值，T38=ON，Q0.1=OFF，I0.1=OFF，所以 Q0.2=ON，KA3 得电，三角形运行接触器 KM △ 导通，电机切换为三角形接法，正常运转。

③ 无论电机处于什么运行状态，当按下停止按钮 I0.1 时，I0.1=ON，I0.1 常闭触点断开。输出线圈 Q0.0、Q0.1、Q0.2 的状态都变为 OFF，各接触器常开触点均断开，电机将停止运行。

心得笔记

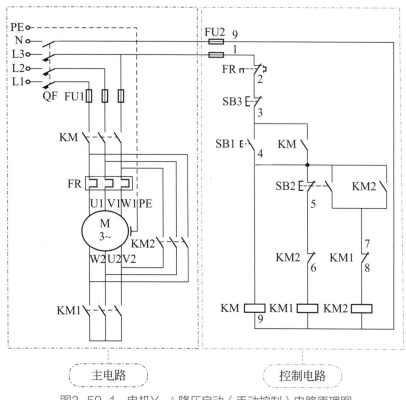

图3-59-1 电机Y-△降压启动（手动控制）电路原理图

如图 3-59-1 所示。

合上电源开关 QF。

（1）电机星形接法（Y接）降压启动

按下 SB1，KM 线圈得电并自锁，KM1 线圈得电，接触器 KM1 主触点闭合，使得 W2、U2、V2 短接将电机绕组连接成星形（Y形），接触器 KM 主触点得电，使得电机接线盒的 U1、V1、W1 接通电源，电机 M 以星形接法降压启动。

（2）电机三角形接法（△接）全压运行

按下 SB2，KM1 线圈失

电，KM2 线圈得电并自锁，接触器 KM1 主触点断开，使得 W2、U2、V2 解除短接，接触器 KM2 主触点得电，使得电机接线盒的 W2 接通 U1、U2 接通 V1、V2 接通 W1，电机 M 定子绕组接成三角形接法，KM 主触点继续保持闭合状态，电机接通电源全压运行。

（3）停止

按下停止按钮 SB3，整个控制电路失电，KM、KM2（或 KM1）主触点和辅助触点分断→电机 M 失电停转。

主电路接线说明：

如图 3-59-2 所示，同前述电路类似，不再赘述。

控制电路接线：

① 如图 3-59-1 所示，1 号线涉及 FU2、FR，具体接线实现见图 3-59-2 中的两处标注为 1 的连接导线。

② 如图 3-59-1 所示，2 号线涉及 FR、SB3，具体接线实现见图 3-59-2 中的两处标注为 2 的连接导线。

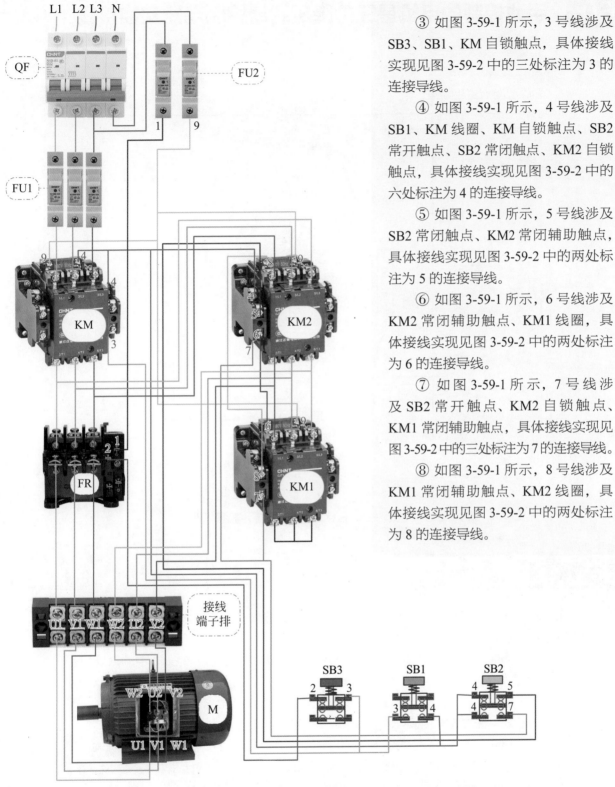

③ 如图 3-59-1 所示，3 号线涉及 SB3、SB1、KM 自锁触点，具体接线实现见图 3-59-2 中的三处标注为 3 的连接导线。

④ 如图 3-59-1 所示，4 号线涉及 SB1、KM 线圈、KM 自锁触点、SB2 常开触点、SB2 常闭触点、KM2 自锁触点，具体接线实现见图 3-59-2 中的六处标注为 4 的连接导线。

⑤ 如图 3-59-1 所示，5 号线涉及 SB2 常闭触点、KM2 常闭辅助触点，具体接线实现见图 3-59-2 中的两处标注为 5 的连接导线。

⑥ 如图 3-59-1 所示，6 号线涉及 KM2 常闭辅助触点、KM1 线圈，具体接线实现见图 3-59-2 中的两处标注为 6 的连接导线。

⑦ 如图 3-59-1 所示，7 号线涉及 SB2 常开触点、KM2 自锁触点、KM1 常闭辅助触点，具体接线实现见图 3-59-2 中的三处标注为 7 的连接导线。

⑧ 如图 3-59-1 所示，8 号线涉及 KM1 常闭辅助触点、KM2 线圈，具体接线实现见图 3-59-2 中的两处标注为 8 的连接导线。

图3-59-2　电机Y-△降压启动（手动控制）实物接线图

⑨ 如图 3-59-1 所示，9 号线涉及 KM 线圈、KM1 线圈、KM2 线圈、FU2，具体接线实现见图 3-59-2 中的四处标注为 9 的连接导线。

手动控制的电机星三角降压启动控制电路实物接线

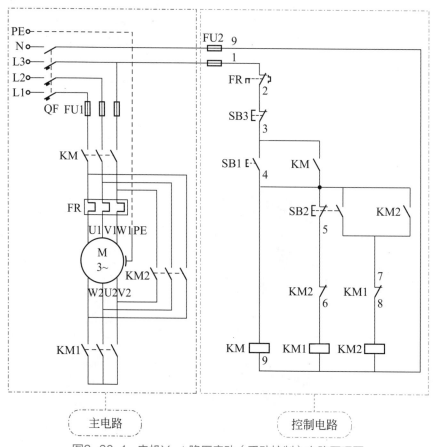

图3-60-1　电机Y-△降压启动（手动控制）电路原理图

控制电路接线：

① 如图 3-60-1 所示，1 号线涉及 FU2、FR，具体接线实现见图 3-60-2 中的两处标注为 1 的连接导线。

② 如图 3-60-1 所示，2 号线涉及 FR、SB3，具体接线实现见图 3-60-2 中的两处标注为 2 的连接导线。

③ 如图 3-60-1 所示，3 号线涉及 SB3、SB1、KM 自锁触点，具体接线实现见图 3-60-2 中的三处标注为 3 的连接导线。

④ 如图 3-60-1 所示，4 号线涉及 SB1、KM 线圈、KM 自锁触点、SB2 常开触点、SB2 常闭触点、KM2 自锁触点，具体接线实现见图 3-60-2 中的六处标注为 4 的连接导线。

⑤ 如图 3-60-1 所示，5 号线涉及 SB2 常闭触点、KM2 常闭辅助触点，具体接线实现见图 3-60-2 中的两处标注为 5 的连接导线。

⑥ 如图 3-60-1 所示，6 号线涉及 KM2 常闭辅助触点、KM1 线圈，具体接线实现见图 3-60-2 中的两处标注为 6 的连接导线。

⑦ 如图 3-60-1 所示，7 号线涉及 SB2 常开触点、KM2 自锁触点、KM1 常闭辅助触点，具体接线实现见图 3-60-2 中的三处标注为 7 的连接导线。

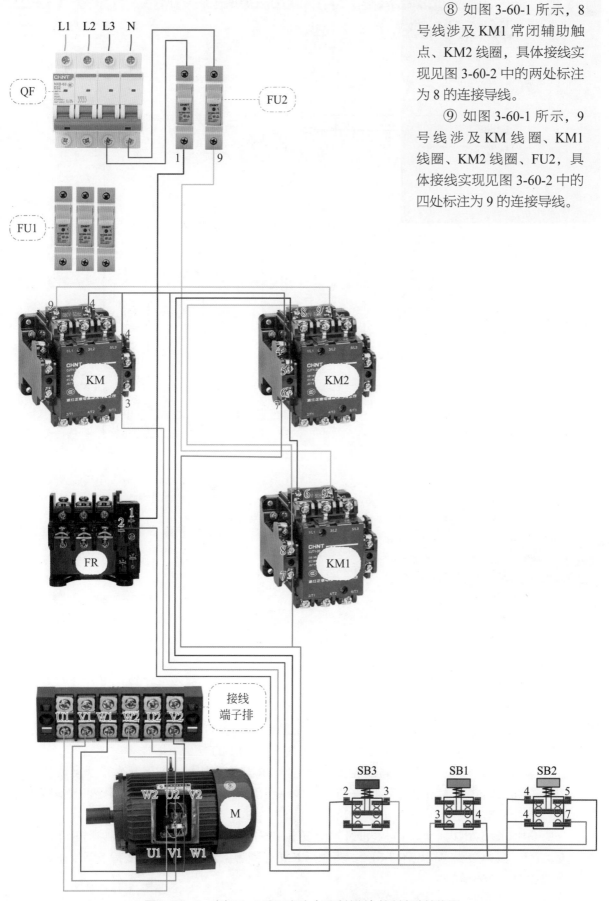

⑧ 如图 3-60-1 所示，8 号线涉及 KM1 常闭辅助触点、KM2 线圈，具体接线实现见图 3-60-2 中的两处标注为 8 的连接导线。

⑨ 如图 3-60-1 所示，9 号线涉及 KM 线圈、KM1 线圈、KM2 线圈、FU2，具体接线实现见图 3-60-2 中的四处标注为 9 的连接导线。

图3-60-2 电机Y-△降压启动（手动控制）控制电路接线图

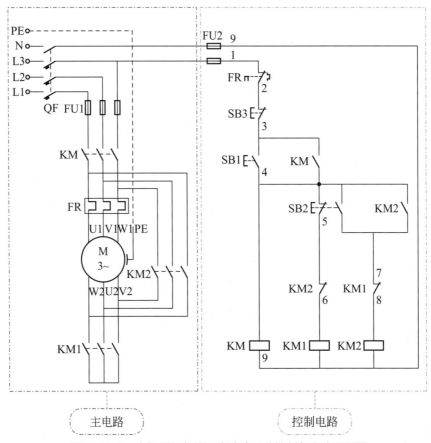

图3-61-1　电机星三角降压启动（手动控制）电路原理图

主电路接线说明：

同前述电路，此处不再赘述。

控制电路接线：

① 如图 3-61-1 所示，连接熔断器 FU2 与热继电器 FR 的常闭触点标注为 1 的线我们称为 1 号线，具体接线实现见图 3-61-2 中的两处标注为 1 的连接导线。

② 如图 3-61-1 所示，2 号线连接热继电器 FR 与停止按钮 SB3，具体接线实现见图 3-61-2，热继电器常闭触点到端子排的硬线（铝塑线或者铜塑线等）和按钮出来的多芯软线经端子排相连。

③ 如图 3-61-1 所示，3 号线涉及停止按钮 SB3、降压启动按钮 SB1、接触器 KM 自锁触点，具体接线实现见图 3-61-2，接触器 KM 自锁触点到端子排的硬线和按钮出来的软线经端子排相连。

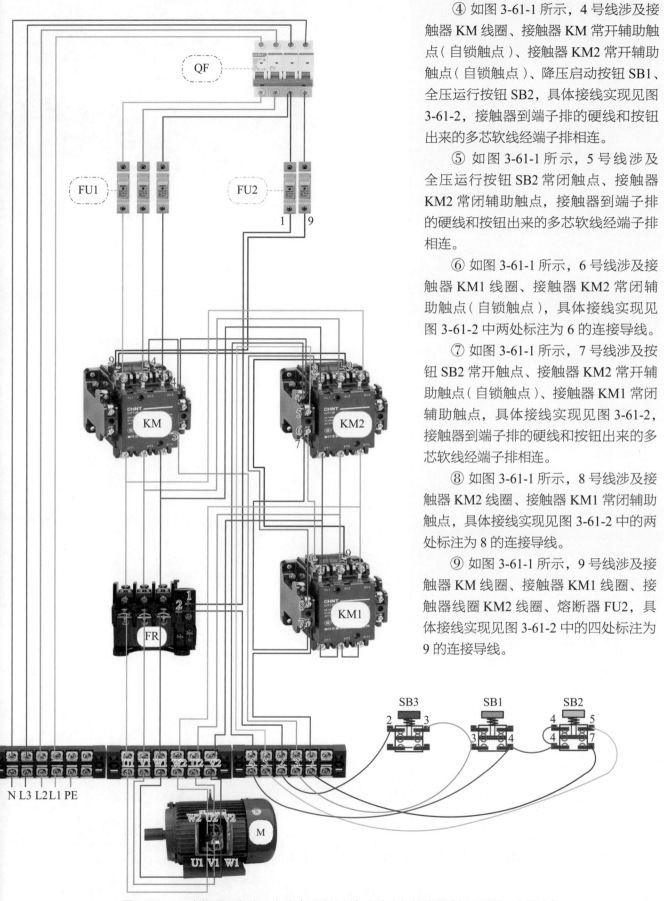

④ 如图 3-61-1 所示，4 号线涉及接触器 KM 线圈、接触器 KM 常开辅助触点（自锁触点）、接触器 KM2 常开辅助触点（自锁触点）、降压启动按钮 SB1、全压运行按钮 SB2，具体接线实现见图 3-61-2，接触器到端子排的硬线和按钮出来的多芯软线经端子排相连。

⑤ 如图 3-61-1 所示，5 号线涉及全压运行按钮 SB2 常闭触点、接触器 KM2 常闭辅助触点，接触器到端子排的硬线和按钮出来的多芯软线经端子排相连。

⑥ 如图 3-61-1 所示，6 号线涉及接触器 KM1 线圈、接触器 KM2 常闭辅助触点（自锁触点），具体接线实现见图 3-61-2 中两处标注为 6 的连接导线。

⑦ 如图 3-61-1 所示，7 号线涉及按钮 SB2 常开触点、接触器 KM2 常开辅助触点（自锁触点）、接触器 KM1 常闭辅助触点，具体接线实现见图 3-61-2，接触器到端子排的硬线和按钮出来的多芯软线经端子排相连。

⑧ 如图 3-61-1 所示，8 号线涉及接触器 KM2 线圈、接触器 KM1 常闭辅助触点，具体接线实现见图 3-61-2 中的两处标注为 8 的连接导线。

⑨ 如图 3-61-1 所示，9 号线涉及接触器 KM 线圈、接触器 KM1 线圈、接触器线圈 KM2 线圈、熔断器 FU2，具体接线实现见图 3-61-2 中的四处标注为 9 的连接导线。

图3-61-2　电机星三角降压启动（手动控制）电路实物接线图（板上明线配盘模式）

参考文献

[1] 刘振全，王汉芝. 电气控制从入门到精通 [M]. 北京：化学工业出版社，2020.

[2] 刘振全，王汉芝，等. 零起步学 PLC[M]. 北京：化学工业出版社，2018.

[3] 刘振全，韩相争，王汉芝. 西门子 PLC 从入门到精通 [M]. 北京：化学工业出版社，2018.